New space

新空间

室内设计解析

张岩鑫 李倩倩 / 编著

清华大学出版社
北 京

图书在版编目（CIP）数据

新空间：室内设计解析 / 张岩鑫，李倩倩编著 .—北京：清华大学出版社，2018（2020.1重印）
ISBN 978-7-302-49267-2

Ⅰ. ①新…　Ⅱ. ①张…②李…　Ⅲ. ①室内装饰设计　Ⅳ. ① TU238.2

中国版本图书馆 CIP 数据核字 (2018) 第 002455 号

责任编辑：周　华
封面设计：李伯骥
责任校对：王荣静
责任印制：沈　露

出版发行：清华大学出版社
网　　址：http://www.tup.com.cn，http://www.wqbook.com
地　　址：北京清华大学学研大厦 A 座　　邮　　编：100084
社 总 机：010-62770175　　邮　　购：010-62786544
投稿与读者服务：010-62776969, c-service@tup.tsinghua.edu.cn
质量反馈：010-62772015, zhiliang@tup.tsinghua.edu.cn
印 装 者：涿州汇美亿浓印刷有限公司
经　　销：全国新华书店
开　　本：185mm × 260mm　　印　　张：12.25　　字　　数：235 千字
版　　次：2018 年 4 月第 1 版　　印　　次：2020 年 1 月第 2 次印刷
定　　价：68.00 元

产品编号：076765-01

作者简介

BRIEF INTRODUCTION OF THE AUTHOR

张岩鑫 博士 教授 硕士生导师

深圳大学海洋艺术研究中心主任
广东省美术家协会会员
广东民进开明画院首批院聘任画家
深圳市南山区政协委员
深圳大学国家大学生素质教育基地3号艺栈美术馆馆长

出版物：

《风帆时代》海战绘画、《中外海战题材绘画艺术收集与研究》《喀什风情——行走在帕米尔高原》《张岩鑫之图腾禁果》等。

编制大学本科教材：《室内设计基础》《展示设计精读》《室内设计》等教程；

在《美术》《美术观察》《装饰》等国内多个核心期刊发表专业论文，数次承接主办策划国内各类大型展览、展会、装饰工程等专业设计项目。绘画作品多次参加国家、省、市级的专业展览并获得奖项。

2014年创建深圳大学海洋艺术研究中心，是中国首家以海洋艺术为核心的研究机构，受到党和国家领导同志的高度重视和亲切关怀，承担了国家文化部、国家艺术基金等委托的多项研究课题，是国内最权威的海洋艺术研究智库。配合国家“一带一路”倡议，拓宽中国海洋文化研究的范式样本，成为中国海洋文化艺术的领军人物。组织国内沿海城市的艺术家创作海洋历史题材绘画和海洋历史人物绘画作品，并在全国沿海重要城市的艺术博物馆进行巡展，得到国家文化部和艺术界的好评，弘扬了中国大航海时期的文明，向世界展示了中国航海艺术。

李倩倩

1994年出生于浙江温州
教育背景：
2016年6月毕业于华南农业大学，获学士学位
2016年9月就读于深圳大学，硕士研究生

获得奖项：

2015年10月荣获“九州驿站”杯广东省“美丽乡村设计与社会创新”大学生大赛“佳作奖”；

2016年5月荣获“地域·岭南·融合”华南农业大学艺术学院学生创意设计大赛“银奖”；

2016年6月毕业设计作品《归·逸——广州市小谷围陈氏宗祠的修复及利用》被华南农业大学评为“优秀毕业设计”，荣获“2016届优秀毕业设计金奖”；

2017年11月被深圳大学授予2016–2017年度“优秀研究生”荣誉称号。

学术成果：

2016年10月参与策划由国家艺术基金传播交流推广资助项目《风帆时代》海战绘画作品展——海上丝绸之路两千年展览2016年巡展（深圳站）；

2016年11月参与策划由深圳市宝安区宣传文化体育发展专项资金资助项目宝安读书月——《滨海宝安·海上丝绸之路两千年绘画作品展》；

2016年12月参与《室内设计精读》教材编制；

2017年5月参与策划由深圳市宣传文化事业发展专项基金资助项目第十三届中国（深圳）国际文化产业博览交易会深大荔园分会场《风帆时代——海上丝绸之路两千年》绘画作品展；

2017年5月参与策划由深圳市盐田区宣传文化发展专项资金资助项目第十三届中国（深圳）国际文化产业博览交易会盐田分会场“一带一路”中国古船古港图画展。

前言

PREFACE

室内设计是人类改造环境的一种认知和探索的过程，设计的感染力与设计师注入的情感有着密不可分的关系。室内设计从微观的、个别的作品来看，包括室内设计水平的高低、质量的优劣都与设计者的专业素质和文化艺术素养等息息相关；从宏观来看，往往能从一个侧面反映相应时期社会物质和精神生活的特征。

从历代的室内设计来看，它总是具有时代的印记，犹如一部无字的史书。室内设计从设计构思、施工工艺、装饰材料到内部设施，都和社会当时的物质生产水平、社会文化和精神生活状况紧密相关；在室内空间组织、平面布局和装饰处理等方面，从总体说来，还和当时的哲学思想、美学观点、社会经济、民俗民风等密切相关。

本书针对国内室内设计现状和室内设计实践，吸取国内外室内设计的经验，结合实际设计项目体验，用较大篇幅介绍了室内设计的艺术规律、历史流派、设计手法以及室内设计的审美特征，旨在培养设计爱好者的艺术修养、审美能力和室内设计的创造性思维能力，并提供了室内空间设计实际项目的案例分析，详细且形象地展示了室内设计思维与表现的过程，并且展示了大量的真实案例版的优秀设计作品。针对室内环境设计的专业特性，突出设计过程的科学性、逻辑性、工具性和适用性，目的在于提高读者的设计意识与动手操作能力，以满足实际应用的需要。

根据设计传统理论与时代特色，作者对室内环境的人性化设计思想和实践进行了研究探讨，分享了对室内空间设计的心得体会。博采众家之长，讲究实效，为室内设计的发展提供科学依据。同时，人性化的室内设计原则将提高人们的生活品质、深化人们的生活内涵，为人们生活环境重新进行文化的、人性的建设提供理论依据与方法指导。本书倡导的“从人的角度探讨室内空间的表达方式，从室内空间角度观察人的需要”的思维方式，更是注重理论与实践的结合，将功能应用放在第一位，指出问题，提供解决方法。这必将有助于去除设计者的浮躁心态，改变盲目、武断的设计现状。

由于编者水平有限，本书可能存在一些不足之处，敬请广大读者批评指正。

张岩鑫

2018年3月

目　录

CONTENTS

第一章　室内设计概述

OVERVIEW OF INTERIOR DESIGN

第一节　室内设计的基本概念

室内设计是从建筑设计中分离出来的一门相对独立的新型的综合性学科，它使行业分工得到进一步的细化和专业化。室内设计对于大多数人来说，恐怕要被移植到装修、装饰、装潢的概念上去，其实，装修、装饰、装潢和室内设计这几个词义概念是有所区别的，对应的层面也不同。

室内装饰或装潢：原义是指“器物或商品外表”的“修饰”，是着重从外表、视觉艺术的角度来探讨和研究问题。例如对室内地面、墙面、顶棚等各界面的处理，装饰材料的选用，也可能包括对家具、灯具、陈设、装饰小物的选用、配置和设计。

室内装修：“Finishing”一词有最终完成的含义，室内装修着重于工程技术、施工工艺和构造做法等方面，顾名思义，主要是指土建施工完成之后，对室内各个界面、门窗、隔断等做最终的修整工程，含有一定的技术成分。

室内设计不同于大众认知的装修、装饰、装潢对室内空间所做的工作内容，它不仅包含了这三个方面的全部内容，还具有空间机能、行为心理、技术设备、环境秩序等系统的设计层面内涵，是对工程技术、工艺、建筑本质、生活方式、视觉艺术等方面进行综合营建的工程设计。

室内设计又是对建筑空间进行的二次设计，是建筑设计生活化的进一步深入，使环境能适应人的需要。它是对其构件围合的场域空间进行的再造与升华，使其能适合某一特定功能场所的需要，能符合使用者的目标要求，实现良好的人与人、人与物、物与物之间的机能营建关系，达到室内设计安全、健康、舒适的美好愿望。

室内设计是对人与可持续生存的生活环境之间关系问题的求解，是寻求合理的解决方法的过程。它依托物质、对应文化、抒发个性、寻求功能与机能的合理性，创造可持续发展的生活环境。

研究室内设计还应从环境系统层面上去拓展。这一层面既有社会环境、自然环境、人为环境，也有物理环境、生理环境、心理环境、文化环境、机能环境等多层面。只有全方位、多角度去思考它，才可使这个古老而又年轻的综合学科走上科学发展的轨道，成为一门设计科学。因此，我们又可把它理解为室内环境设计或环境设计。室内设计，是人类生活的重要组成部分。衣、食、住、行和安居乐业，这些老话从另一方面充分地表明“住”与“居”在人类历史长河中的重要性，它不仅有物质功能需要，还有精神功能的需要。室内空间是由建筑构件限定的“容器”界质来满足人正常物质与精神双重生活需要为目的的场所，是人类生存与生活的保障条件。室内生活的场域范围是室内设计物化再造的广阔空间（见图 1-1、图 1-2）。

第二节 室内设计的构成与制约因素

人、空间场、使用物是室内空间构成的主要要素。

人，是空间中的主体，是使用者。由人所带来的功能需要不胜枚举，行为心理与生活方式是它的核心所在。人有男有女，有老有少，职业、风俗、文化、审美、经济都存在着差异。

室内设计必须首先要研究作为使用者的“人”的构成层面，也就是为“谁”去做设计。这样，设计就能做到有的放矢，事半功倍。

空间场，是构筑空间介质的物质实体反映的界定场域，它可以是全封闭的，也可以是开放式的。界定形式与空间形状多

图 1-1 广州市某办公空间接待处 设计者：李倩倩

样有别，无一定律。空间场所是生活秩序与环境设计的重要表现舞台。

使用物，是人行为方式的对应要素，是满足人的物质条件和精神寄托的实体形式。

研究空间场的构成和使用物的利用，一定要在满足实用功能的前提下，定位于环境使用方式、类型与体量，满足使用者身体活动尺寸要求、生理要求和精神要求。在有秩序地规划其行为方式的过程中，重新认识构成空间场所与使用物体的物质实体，完善好设计目标，以更好地满足使用者的实用要求。

对于室内设计来讲，主要有这样几种制约因素应予注意：人的因素；功能因素；环境条件因素；技术因素；经济因素。这是室内设计五个制约因素，这些制约因素如果合理有效地解决，设计的水准会直接得到一定程度的提高（见图1–3、图1–4）。

一、人的因素

人的因素对室内设计形成一个极大的制约条件，它体现在三个层面：业主、设计师和社会群体。

关于业主，他们的思想、偏见、爱好、审美、年龄、职业、文化、修养、风俗、创造力甚至是政治观念都因人而异。而在一定时期，又存在着不同思想与社会群体的文化取向、心理和精神需要的形式，并反映于室内设计之中，既体现在大众审美中个性的表达，又引导着大众对审美秩序的欣赏口味。设计师，更是这个内容中不可忽视的一个主要制约因素。这主要表现在对设计师的知识体系、创造力素质、造型能力、审美取向、个性体现和综合能力等艺术素养的要求。也就是说，一个设计师

图1–2　广州市某办公空间接待处　设计者：李倩倩

图 1–3　广州市某别墅家庭影音室　设计者：李倩倩

图 1–4　广州市某别墅吧台　设计者：李倩倩

必须具备全面的能力，才能充分地表达创意过程中的高质量设计，充满新意的创意活动。设计师与业主（或使用者）是最直接的互制互动者。因此，人这第一要素就成为制约因素中的重要部分。也就是说，人将在心理、生理、知识结构、自身素质、审美品位、审美取向、环境条件以及文化价值观、社会环境、生产生活方式、法律法规等因素中，全方位、多层面地影响着室内设计的走向。

研究人的制约因素，也就是提高空间环境的物化功能以适应人的实用要求，以及心理与精神的需求。

二、功能因素

功能因素反映在室内设计上，主要是指功能目标应有相适应的空间形式和条件来互动，包括室内空间的大小、形状、高低、宽窄、序列等空间构造内容条件，以及电气功能需要、暖通功能需要、给水排污功能需要、消防与安全需要等技术设施问题的制约因素。室内设计中，当现有空间的现状与使用功能要求的目标相矛盾时，就要对实质物现状进行界定，或重建或调整。这样的环节贯穿于整个设计过程中，它不断地完善着功能需求，协调着人同环境之间的关系。因此，这也是非常重要的因素。

三、环境条件因素

环境条件因素主要是指来自相对概念的室外环境的影响与制约。自然界是我们生存的家园，人类对生存环境的设计，是生存环境的一个有机组成部分。

当水泥和钢铁，在人与自然之间建立起一个个相互隔绝的场所时，我们的很多东西正在丢失，与此同时，许多生理与心理甚至是生态与社会的问题也在随之产生。正因为如此，人们越来越多地认识到必须同环境和谐相处，并利用自然的恩惠为我们的生活服务的重要性。

在室内设计中，自然也是可大有作为的内容之一。敞开内外环境，使其进行充分沟通，让最好角度的阳光连同室外景观尽收眼底。通过室内的庭院化、水体的延伸界定或隔断噪声、防止眩光、控制污染、减弱不利环境的影响等方式来实现理想的设计。

四、技术因素

技术因素，是使构筑物化环境成为可能的方式方法。技术成分、技术水平、结构类型、实施方式等因素必然会影响到设计的形式和质量。为表现技术、材料性能、力学规律的方式方法，必须构建内在和谐统一的组合秩序。也就是说，理想的室内设计，环境构成及界面形式，需要完备的技术作为支持。

高质量的技术，其表现是合理和科学的，它会使高质量的设计内容得以显现。二者均隐藏于界面内部，既表现了内部结构，又显示在空间界定之中。

我们施工中常用的贴、粘、钉、挂、镶、结等处理材料的手法，就是一类技术因素的具体表现，而声、光、热等室内生活设施的实现，则是通过科学的技术因素来完成。因此，实际操作中，每一项目标的处理、设计，都需有其合理的技术条件来支持和保障，否则是不能得以完美呈现的。

五、经济因素

经济因素是室内设计的导向。经济因素对工程的规模、档次、时间、条件等因素都具有较大的影响。但是，并不表明只有高投入才能打造高质量的室内环境。

第三节 室内设计的性质与特征

室内设计就是对建筑物的内部空间进行设计的创意活动。室内设计作为独立的综合性学科，于20世纪60年代初形成，它是空间艺术、环境艺术的综合反映。

室内设计学是隶属于建筑学与艺术设计学的交叉学科，是最具融合性的分支学科之一，是一门“实用的艺术”或“体验的艺术”，也是“观赏性的艺术”。室内设计是空间营建的艺术，又是创建历史文脉的艺术。专业性虽强，但它也是大众参与最为广泛的一项艺术创作活动。它是人类自己创造和提高生存环境质量的活动，是创造审美秩序的载体、传达功能的物质介质，同时也是一种心理需要。它体现着技术与艺术，乃至生存意境与时空生存环境的内涵，改变着人的生活方式、提高了生活质量。它是物质与精神、科学与艺术、生理与心理要求之间的相互平衡，是室内空间环境设计中，高科技和人性情感所要挖掘并总结的问题。

室内设计的特征是活动参与者众多，条件复杂多样。适时、适地、适人表现出的内涵丰富多彩。室内设计涉及建筑学、景园学、人机工程学、心理学、美学、社会学、物理学、生态学、色彩学、材料学、营造学、史学、哲学、设计学等众多学科领域，它是一门多学科互制互动的艺术。各学科因素互相渗透，有机纳入，系统呈现，为室内设计铺垫出强大的文化支持平台。

室内设计能满足不同使用者多层面的需求，因而又是一种功能性较强的实用艺术。它能在物化的环境中，实现人们的心理和精神需要。

室内设计也是一个文化信息的承载中心。它反映了技术条件、文化理念、价值取向、信息处理等特定时期、特定地域、特定使用者的追求，成为展现人类历史文化的一个层面、延续人类文化历史的一种途径。

室内设计还是众多艺术创造活动的综合承受者及自身科学的延续者。

对于室内设计，不能只孤立地去研究内部的形式秩序，必须把它纳入社会环境、自然环境、人为环境、心理环境、技术环境中去，系统地去认知、评价、决策和设计（见图 1-5、图 1-6）。

图 1-5　江门市某酒店大堂　设计者：李倩倩

施工前原貌　　设计效果图　　竣工现场照

图 1-6　人立大厦　设计者：齐霖　张岩鑫

第二章　设计的行为心理及人体工程学

DESIGN BEHAVIORAL PSYCHOLOGY AND ERGONOMICS

第一节　设计与行为心理

众所周知，随着社会的发展，环境设计问题被广泛关注，在以人的行为为研究对象的心理学中，环境设计与心理问题已经成为设计过程中的重大课题，进而产生了一门新的学科——建筑环境心理学。

建筑环境心理学是现代建筑学新概念中的重要一环，是围绕着心理学研究与建筑学研究的一门边缘学科，是研究人的行为和建筑环境间相互关系的科学。从它的研究范围来看，它是多学科的、交叉的，除了和心理学的其他分支交叉外，和建筑学、环境科学、生态学等也有交叉。它运用心理学的某些理论解决建筑设计的实际问题，重点研究建筑环境中的人的心理现象及行为特点。它基于格式塔心理学与建筑环境视觉原理，提出人对环境的认知方式与个人空间的形成，从人的心理角度分析环境的人性化特征。从空间和场域、感觉和知觉来进行人性化设计（见图 2-1~图 2-8）。

知觉的特征：从空间知觉、环境认知、环境心理感受与个人空间等角度，研究建筑环境与人的心理感知之间关联内容的方式；旨在了解业主如何和环境相互作用，进而利用和改善人类环境，以解决各种由环境设计而产生的人类行为问题，诸如建筑环境结构、色彩、空间等对人的行为的影响，使得对于建筑环境“人性化”的研究有了真正意义上的科学依据。

一、人与人

“设计必须为人服务”的思想成为环境设计人员普遍接受的原则。该原则要求设计工作重视人，重视人的心理和行为需要。要达到以上目的，必须研究人与人这一重要关系。在环境设计中，这一关系体现在以下几个方面。

1. 人的层面

环境中的人是主体因素，是使用者、创建者和顺承者。不同的功能领域、不同的环境条件，都有不同的使用者在工作、

广州市红砖厂创意园 F13 栋改造　设计者：梁璐怡

图 2-1　广州市红砖厂创意园 F13 栋改造前原貌

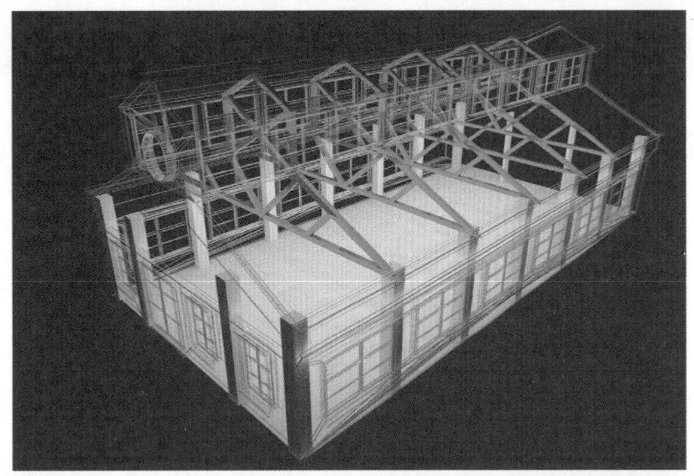

图 2-2　原建筑内部空间结构

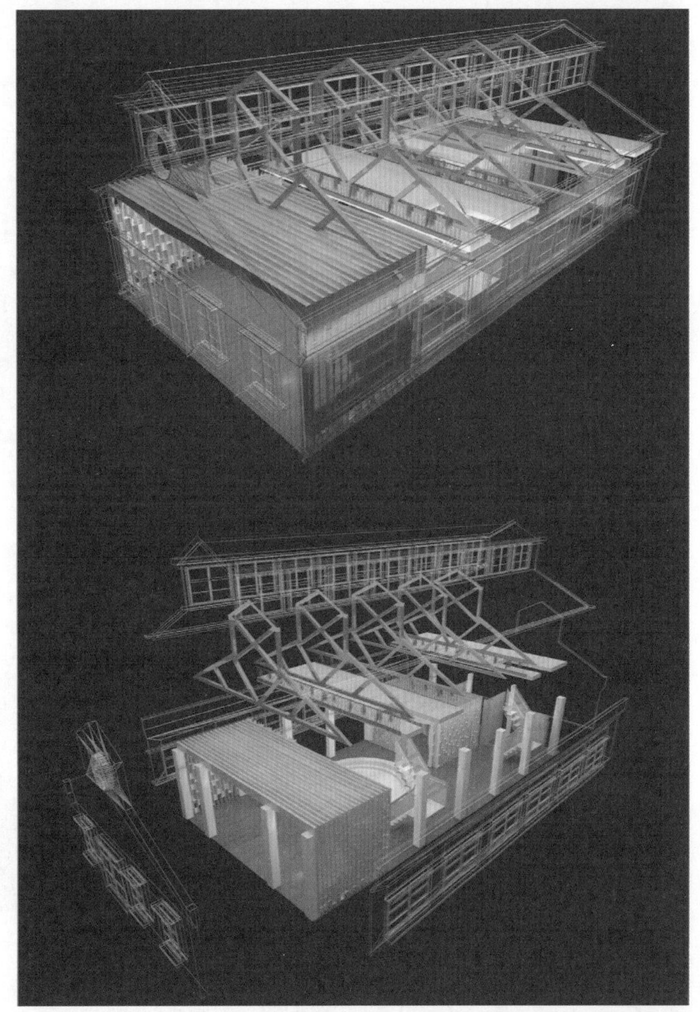

图 2-3　改造后内部空间结构

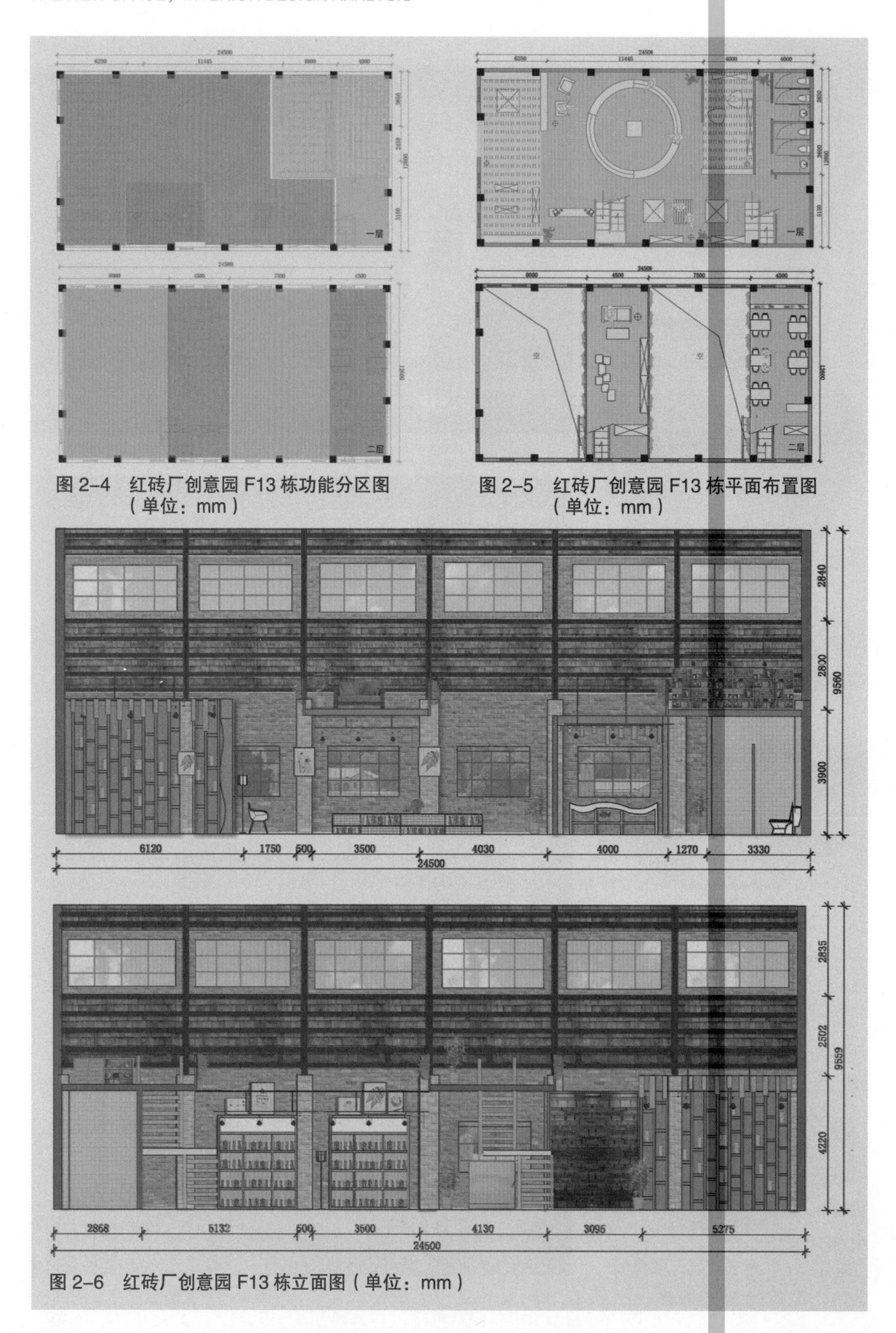

图 2-4 红砖厂创意园 F13 栋功能分区图（单位：mm）

图 2-5 红砖厂创意园 F13 栋平面布置图（单位：mm）

图 2-6 红砖厂创意园 F13 栋立面图（单位：mm）

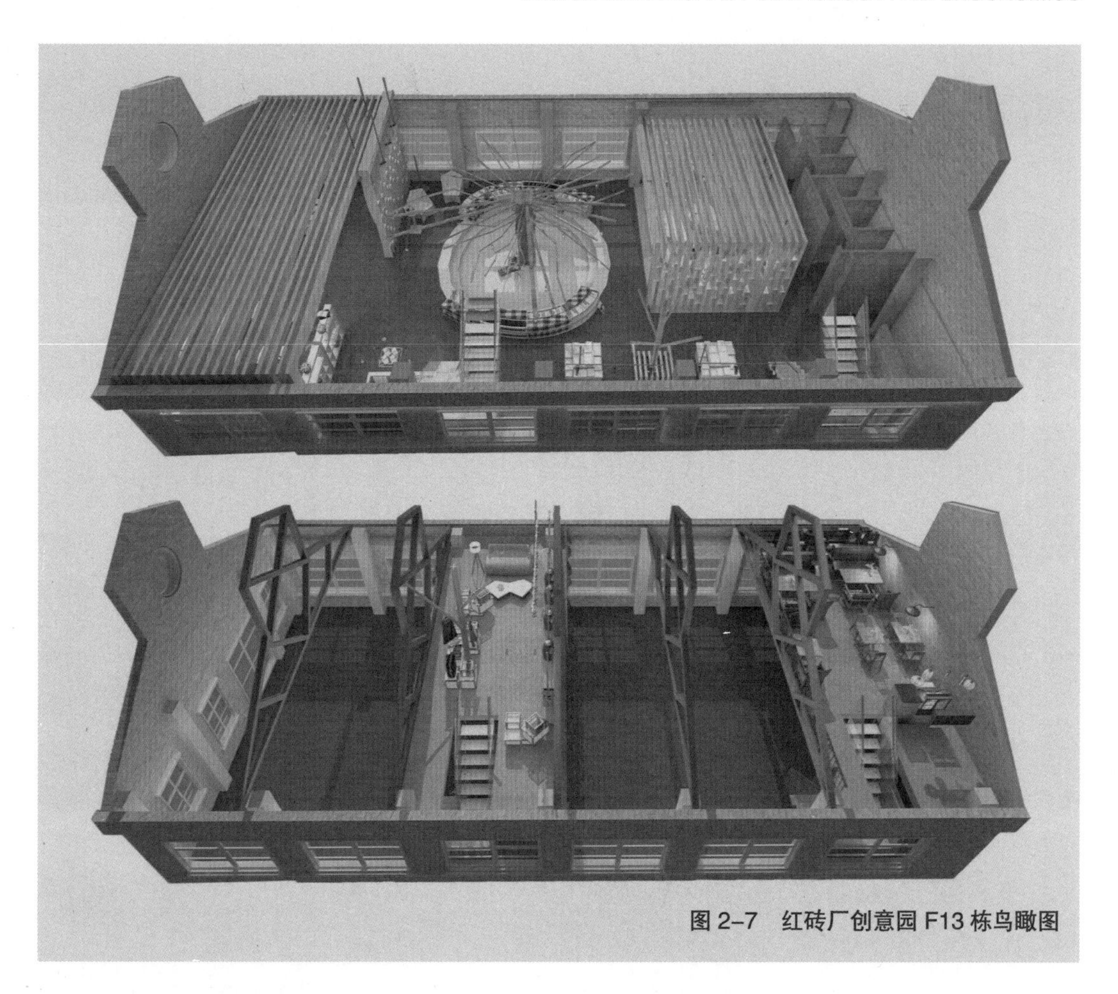
图 2–7　红砖厂创意园 F13 栋鸟瞰图

学习和生活。层面繁多，各不相同。既有来自老、中、少、幼层面的，又有体现男女之分的，还有健康的与残疾的，民族、民俗、宗教、风俗、政治的，职业、经验、文化的，甚至是不同地域条件的，种种层面，体现了人文关系的复杂性。

研究人的因素，是提高环境作用、体现对人的关心、为人而设计的关键一步。环境使用者成分的复杂影响着空间环境构成的复杂性，以及舒适、健康、安全、便捷性等。这些又是人们行为活动中至关重要的需求，因此对人的因素的研究也就成为室内设计中非常关键的环节。

2. 人的交往

人对于他人接近程度进行主动控制的心理需求称为私密性要求。人对私密性的要求表现为四方面：独处、亲密、匿名和保留。理想的私密性可以通过两种方式来取得：利用空间的控制机制，或利用不同文化的行为规范与模式来调节人际接触。由于私密性是控制与他人接触的双向过程，所以空间环境设计不仅应满足物质占有、空间场、人的使用过程，还应满足人的精神需求，提供与公共生活相联系的良好善意的机能渠道，并使其处于使用者的控制之下，创造“社会促进空间”。

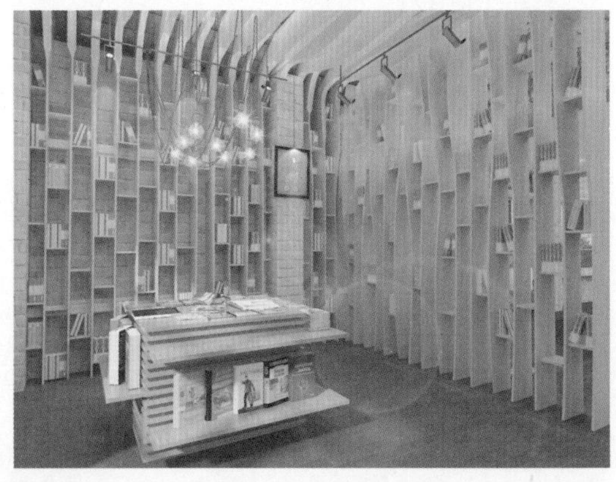

图 2-8　红砖厂创意园 F13 栋效果图　设计者：梁璐怡

研究结果表明：空间环境设计对人与人的关系的影响较大，体现在交往中人们之间的距离定位、空间的有效利用与组织、接触频率、时间控制、地点条件、功利目的等因素上。住宅设计中一梯两户式多层住宅由于每一户的独立性强，居民接触机会少，因此显得冷清寂寞；而一梯三户或四户的住宅，由于有户外短走廊，居民有较多的机会与邻居相遇，所以交往与交流的频率高于一梯两户住宅。交往是人们必需的生活基础，是群体与个体或个体与多体联系的基本要求。因此，交往条件因素的获得、行为心理的需要是空间环境设计的前提。

3. 领域与距离

领域是环境中，个人所特有的感知控制、介质限定和占有的空间。它具有两个层面：第一是实际限定的领域；第二是心理感知限定的领域。领域是以场地形式存在的，既有实体形式，也有虚体形式，它是具有一定动能的因素。人离不开社会，需要参加社会文化活动，这是人们精神和心理的需求。

个人心理需要，是随着人的走动而不断迁移的最小的空间领域，可使人在空间中与他人保持适当的距离，这个距离称为人际距离。人际距离由近到远依次为亲昵距离、私交距离、社交距离、公共距离。进行环境设计时就可以根据环境的性质、群体使用者的关系秩序与程度来为使用者提供预知条件下的布局紧凑、功能合理且舒适的服务设施。如设计一个报告厅，讲演者与听众间的距离自然应该采取公共距离。

二、人与物

人作为环境的主体，构筑了非凡的人为世界，在长期的物化过程中，自然也应依据人的心理和行为规律发展。因此处理好人与物的关系，同样也是一个关键的环节所在。

1. 空间设计与人的心理

经过设计的空间能诱发人们产生一种特定情绪或心理上的反应。一些空间之所以令人身心愉快，是因为这类空间在机能、大小、形状、比例、尺度、色彩、设计表现语言等方面适合它们所使用的目的和使用人的精神层面。设计特定功能的空间应根据它们的“功能方式”尽力去创造它们，诸如城市空间、人为景观、家具等。人、物和物围建筑的感知场所，成为了认知环境设计的要素所在。功能会影响形式，形式又会强化功能。

空间结构设计技术的发展，使大跨度的室内空间设计成为可能。采用不同的结构形式、不同的构筑原则、不同的秩序定位、不同的材料表现，就可创造出风格迥异的室内空间。在现代建筑中，空间的功能定位越来越模糊，高密型、综合型、复合体式的发展，再加上新的观念与生活方式的革命，更使形式内容变得繁杂多样。如在人们消费活动的空间中，它不仅仅需要满足于一般简单的购物，还要在购物的同时考虑空间功能的机能性、趣味性、文化性和表现性。

2. 陈设与人的心理

在现代环境设计中，人们越来越多地把环境设计当成情感的场所，而陈设则是一种重要的媒介。秩序结构、植物、灯光、材质、艺术品、建筑小品、工业产品、布饰等要素的有效组织应用，或主或辅或调控或融入。文化性、地方性、园林式的设计特色，把人们生活的环境个性化，既有指物抒情的意味，又有美化环境、创建空间的机能。

陈设与装饰密不可分，互利互动成为一组别致的设计语言系列，装饰与陈设离不开对人的层面的考虑，万不可盲目地为陈设而陈设、为装饰而装饰。儿童活动场所应多做一些益智的、形体明朗的、色彩鲜明的、趣味性强的装饰与陈设，营造能激发儿童德、智、体、美、劳全面发展的环境条件。装饰与陈设还需考虑功能的对应性，宾馆的豪华与高贵，娱乐场所的轻松与活跃，医院的宜人与洁静，商场的悦目与和谐，办公室的庄重与干练等，适时、适地、适情地反映在环境中，装饰与陈设才能更好地发挥其作用。

3. 色彩设计与人的心理

室内空间中的色彩设计对于人的生理、心理的影响是通过色相的明度、纯度达到的。色彩在室内空间意境的形成方面有着很重要的作用，它服务于室内空间的主题，使空间获得情感，从而对人心理、生理产生影响，是人与物关系中重要的因素之一。色彩的运用，同其他因素一样，也要通过考虑功能、空间、物体尺度、大小、比例、高低、气候、民众、使用者等相关因素来确定基调。室内色调还应考虑光色、环境色、个性、功能用途、采光照明等因素。通常的色彩处理多是自上而下，给人以距离远或近的感觉的心理定式。调控好背景色、物品本色、基调色及重点色彩的关系，有助于突出轻感到重感空间的主从关系、隐显关系，可以表现空间的整体感、区域感、体积感、认识感，满足人们的心理要求行为定位。

4. 声、光、热的控制与人的心理

形成室内声源的因素很多，诸如车鸣、谈话声、脚步声、撞击声、广播声、流水声、电流声……而室内声传播的方式即是以一定的频率振动，它或高或低、或强或弱，使声波在直达、扩散和反射的统构中形成室内声环境。不同的功能环境有不同的声学要求，这就需设计师在其专业理论的指导下检测声学环境质量，减少声能损耗或控制好室内混响时间，防止噪声产生。

室内空间效果是通过光来表现的，光能改变空间的个性，使室内具有良好的光照环境。光有自然光源和人工光源之分，光又是通过物体反射强度实现照度要求的。光过暗会造成物理环境的亮度减少，清晰度减弱，会带来寂静、秘密、恐惧和紧张等心理反应。光过亮，超过眼睛生理调节能力的范围，易使眼睛疲劳、眩光，损坏眼睛。控制光线与光秩序离不开功能需要与行为的考虑，在适度的照明基础上，局部改变色温与角度、面积与布局变化会增强突出、引导、强调的暗示作用，序列的明与暗的照度组合会统构空间，调解动静，抑制情绪。

温度的变化也需要适应人体生理机能的规律，过高、过低都会危害人体健康，甚至危及生命。室内环境的热传播有辐射、传导、对流等种类。诸如阳光、灯光、热水、电器、蒸汽、机器、摩擦等的传播。室内的温度自然应有其相关的因素，控制温度是提高环境质量的一个标准。完善人需要热的考虑既可以节省能源及有效利用能源，带出个性，符合地域与空间构筑环境，有益于人体健康。

三、物与物

物与物的关系在室内设计中更多地体现在结构和构造两个方面。

结构是指组成整体的各部分的搭配和安排，结构是构成环境的直接手段，优良的结构更加符合力学和美学规律，具有科学性。但结构的合理并不等于全部的美，要达到美学的高度取决于设计者的设计技巧和美学素养。优秀的设计一定是既遵循结构力学规律，又能适应于功能要求和美学原则。

各部分及其连接关系，是物质环境的直接反映者，所以应该很好地去解决其在经济、美观、实用、科学等方面的必要的细部设计，实现材料与技术、功能与秩序、技术与审美合理地去物化设计。重点在于“内”，反映在于“外”。

四、设计师的心理因素

1. 设计师的智力结构

设计师的知识是他们长期学习积累的结果，他们的知识结构和水平无疑会对他们的设计能力产生相当程度的影响。在现代社会，设计师的智力结构已由单一层面向多学科多元化相融的方向发展，诸如：

心理学的研究——知觉心理学、社会心理学、艺术心理学、消费心理学、建筑环境心理学等；

物理学领域——材料力学、结构力学、光学等；

社会学领域——社会学、经济社会学、住宅社会学、工业社会学等；

美学领域——技术美学、符号美学等。

生理学、思维科学、系统理论、情报学、市场学、经济学等。上述学科已不再是与设计师无缘的陌生学科，而是设计师根据自己的需要所必须掌握的专业知识。

2. 设计师的心理素质

设计师的认知能力影响其设计目标的有效性，其心理素质将在很大程度上决定其设计的有效性。因此，设计师的心理素质应不断地得到提升，来适应自身发展的需要。

（1）应具有良好的进取意识：设计师能够时常通过自我观察、自我体验、自我评价而获得正确的自我认识，把握自己的优势和个性，顺应时代和社会的需要。也应在实践中接受批评、更新知识观念，提高设计创造水平。

（2）应具有强烈的事业心、责任心：具备一定的知识和能力水平，是设计师为社会和他人服务的重要基础条件。设计师的责任心有赖于个人对社会的热爱、对他人的关心、对设计专业的心智投入。具备责任心的设计师一定会以不断进取的态度去迎接设计，来满足使用者的物理和心理功能的需要。

（3）应具有持之以恒的忍受力：设计工作是一个非常复杂的系统工程。遇到来自社会、生产、民众、文化、工艺、观念等多方面的困难、挫折也是难免的。设计师只有充分利用各种条件，不断完善自己的知识结构，提高自己的能力，才能在困难与挫折面前提高忍受力，建立自信心。设计师的忍受力还时常同时间、失败相对应，使设计师在设计过程中承受着心理上的压力，因此设计师必须具备良好的心理素质，才能不断增强自己的信心。

第二节　人体工程学与室内空间

在国际上，关于人体工程学的名称有多种，其中有人体测量学、功效学、人体工效学及人类工程学等。其实，它们所研究的内容基本是一样的，都是以人为对象，研究人在作业、机械、人机系统、心理、环境的设计方面的应用问题，探讨人们劳动、工作效果、效能的规律性，以保证人类安全、舒服、有效的工作为共同目的。

早在公元前1世纪，奥古斯都时代的罗马建筑师维特鲁威就从建筑学的角度对人体尺度做了较为完整的论述。文艺复兴时期，达·芬奇创作了著名的人体比例图。最早对这一学科命名的是比利时数学家Quitlet，他于1870年出版了《人体测量学》一书。此后一直到1930年，人体测量数据在漫长的历史里程中大量积累，但它并没有对人生活环境的设计起到什么作用。1921年，日本人田中宽一提出了人类工程学的概念。1957年麦克米考克出版了《人类工程学》一书，成为了人类工程学的奠基人。1961年，在斯德哥尔摩召开了第一届国际功效学年会，成立了国际功效学联盟。

20世纪40年代，这一学科知识首先在军事、航空工业被采用。人体工程学逐步得到广泛的应用后，从理论时代进入应用时代。尤其在工业产品、建筑和室内方面，设计师为提高环境质量，满足人类生活、工作、学习、娱乐等方面的条件与环境的需要，利用有限空间，在节约面积、合理使用、提高工作效率、经济、舒适、安全等方面取得了重大的成就。

现今社会发展向后工业社会、信息社会过渡，人体工程学从人的自身出发，在以人为主体的前提下，研究人们的衣、食、住、行以及一切生活、生产活动。在室内设计中谈人体工程学，是以人为主体，通过人体计测、生理计测、心理计测等手段和方法，研究人体结构的功能、心理、力学等方面与室内环境之间的合理协调关系，以满足人身心活动的要求，获得最佳的环境使用效能，其目标是安全、健康、高效能和舒适以科学的方法对人类身体与心理进行准确的数据求证，将人体工程学合理地应用在室内环境设计中，具有一定的深度和广度。

可以依照计测数据，从人体的尺度、动作域、心理空间以及人体生理方面，来寻求人与人在室内活动中所需要的合理空间范围。以人体尺度为主要依据的还有人所使用的设施，它们的应用，同样来自对人的形体、尺度及其使用空间范围的计测，这一计测给人们提供了适应人体的室内物理环境的最佳参数。室内物理环境主要有室内热环境、声环境、光环境、重力环境、辐射环境等。进行室内空间设计时有了上述科学的参数后，就有了正确的依据，并可以做出合理的决策（见图2-9~图2-16）。

第三节 室内设计对空间与功能的研究

建筑师所做的一次建筑空间设计是有功能与之相对应的，而二次室内空间设计时，产生了两种层面的承接关系。一是建筑设计时与旧功能相一致，二是新功能需求与原空间不相适应。两种层面之间的矛

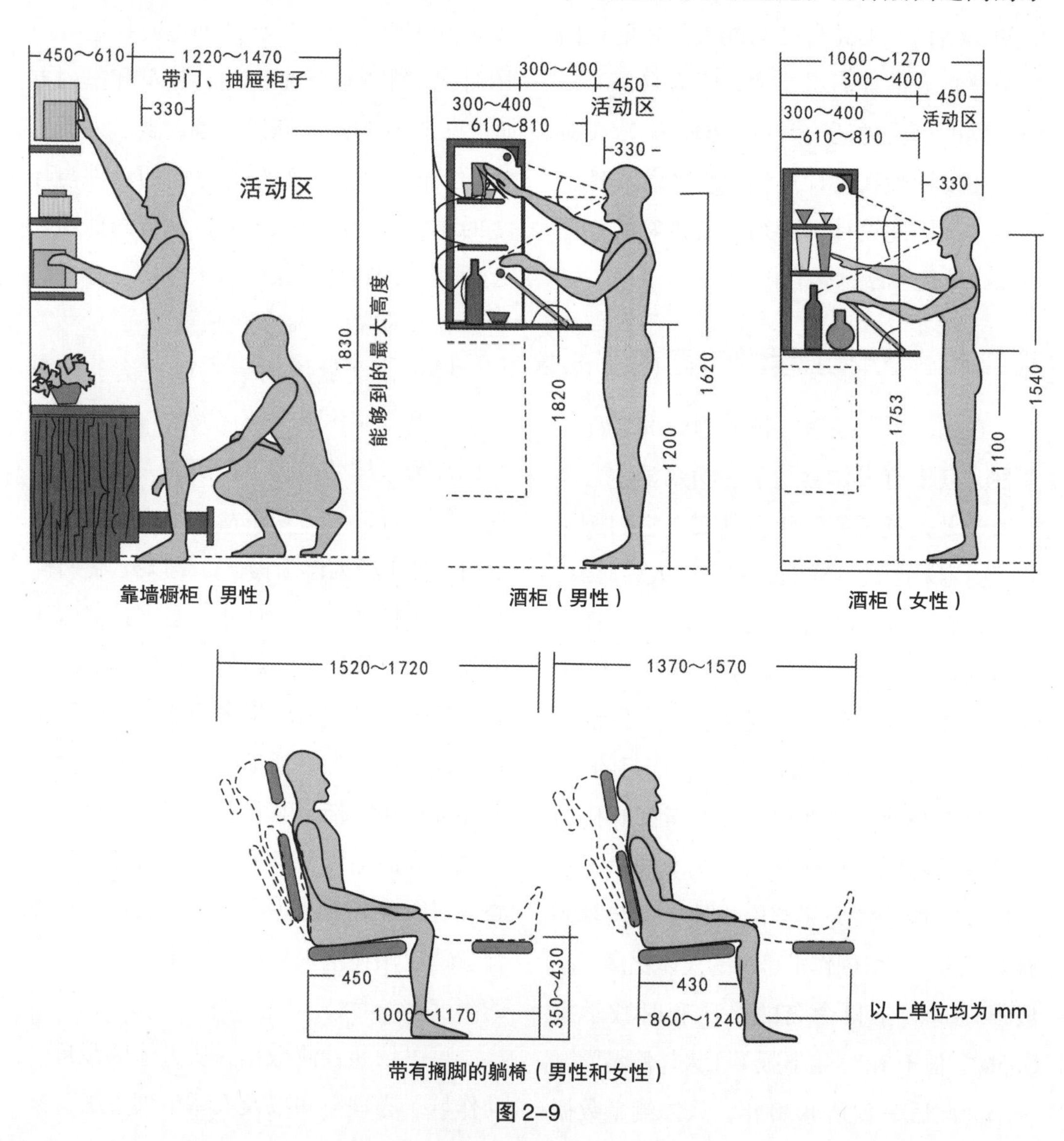

图2-9

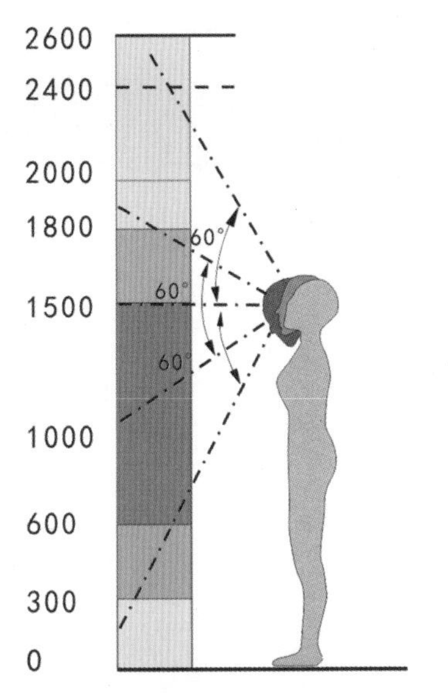

图 2-10　展示陈列时，高度范围分平视、仰视和俯视三种情况（单位：mm）

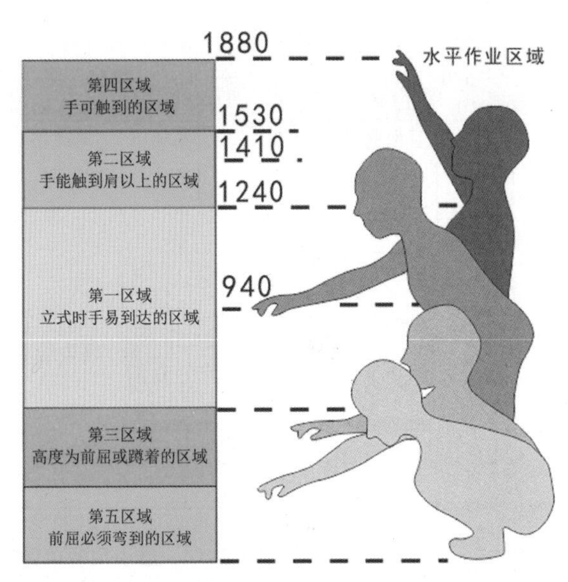

图 2-11　展示活动中的操作尺度（单位：mm）

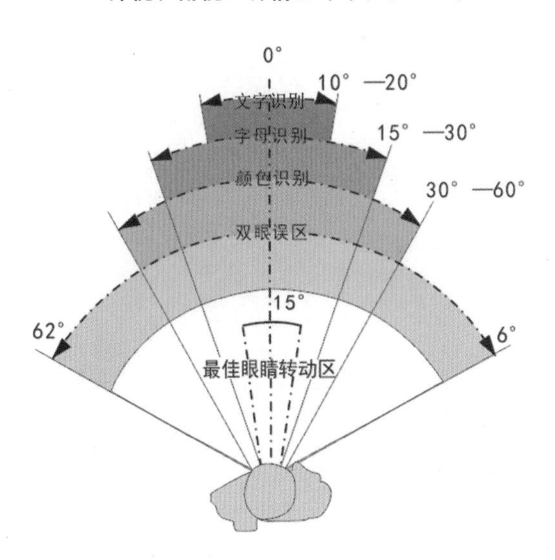

图 2-12　人的水平方向视区（单位：mm）

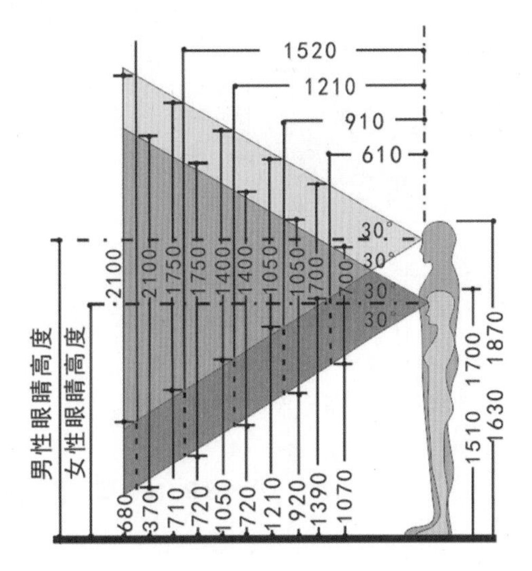

图 2-13　人的垂直方向视区（单位：mm）

盾促使室内空间需要设计和装修，使室内空间设计形式与人的自身审美要求及使用价值相一致。在实体的空架子和由它所限定的空间中，如何能使它符合行为心理的需要，创建一个舒适、方便、高效、合理、安全、经济、个性化的室内空间设计环境，将取决于对空间形式与体量等功能因素的深入研究和定位。

空间原来是有大有小、无边无形的，但经过人为的限制，形成有规矩的几何形和无规矩的几何形，有宽窄、长短、高低，有“实”“虚”。把空间限定在适合的有界定因素认定的有限、有形、有体量的室内空间，为人们生存和生活提供着必要的

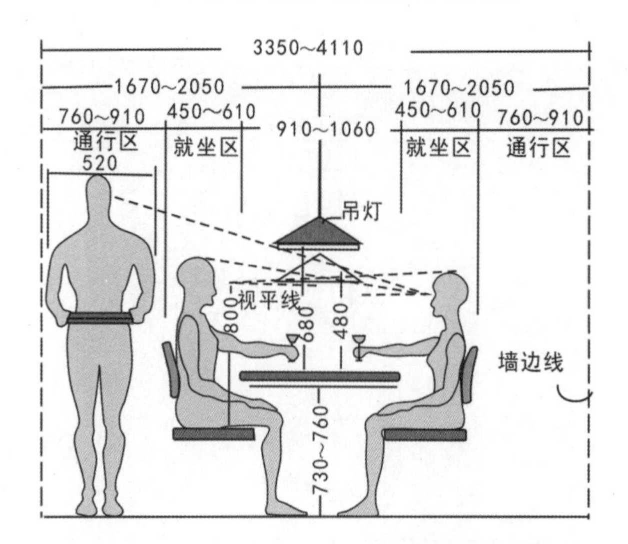

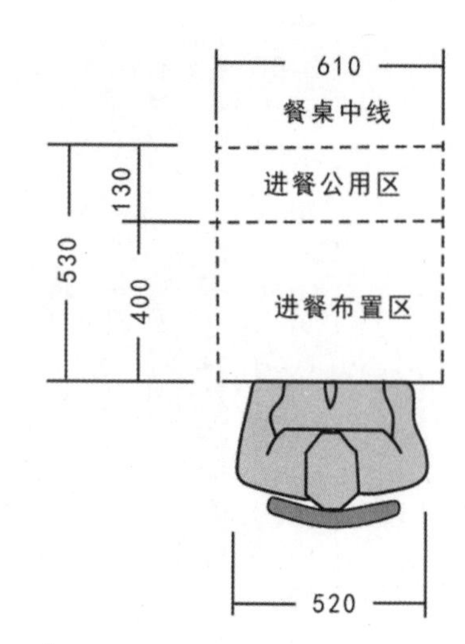

图 2-14　最小用餐单元宽度（单位：mm）

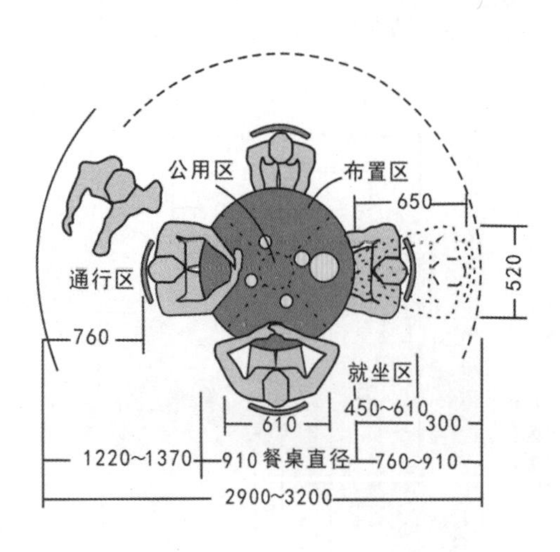

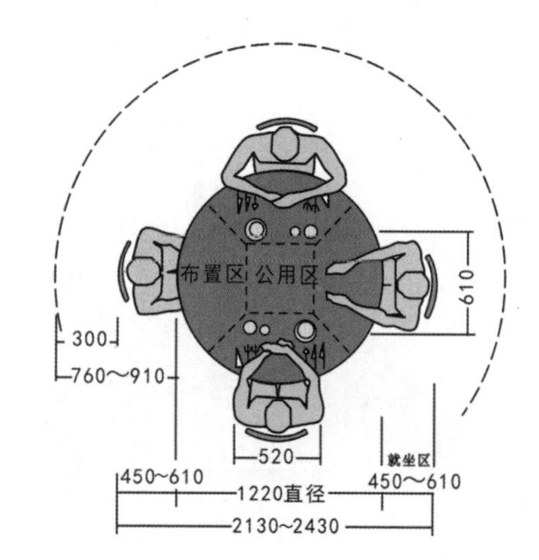

图 2-15　四人用圆桌尺寸（单位：mm）

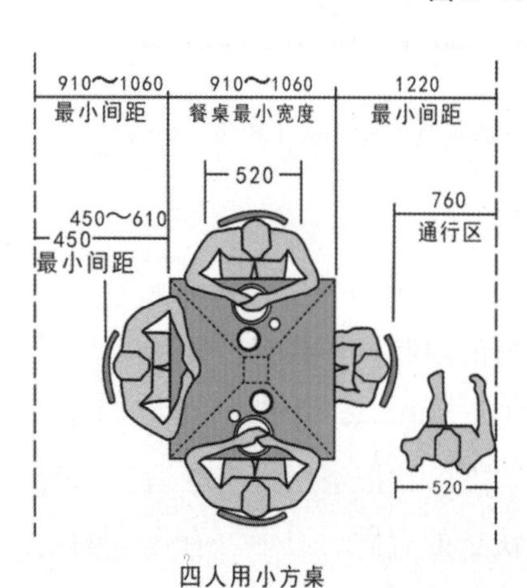

四人用小方桌

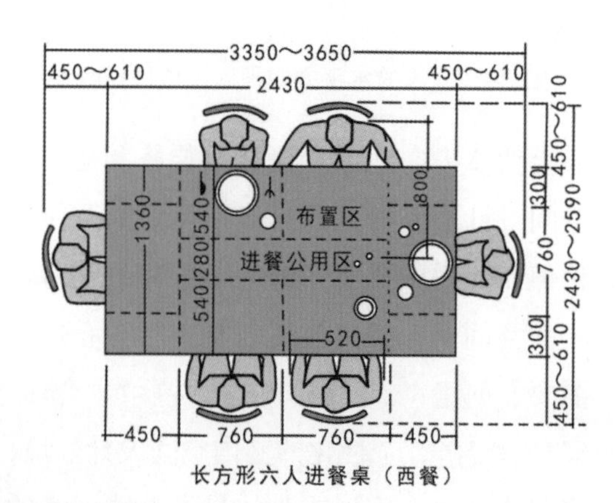

长方形六人进餐桌（西餐）

图 2-16　四人和六人用方桌尺寸（单位：mm）

条件。

建筑的室内空间类别有三类。

（1）空间的：通过围合、覆盖中介建立的“虚体”，是有形、体、量的空间场域。

（2）实体的：是封闭的相对实体占有空间。

（3）感知的：是超越人体机能使用的空间存在。

空间的和实体的空间概念，是说明此时此地构成因素的物化条件，既有由顶面、地面、四壁墙立面及能说明限定围合特征的界定条件，又有其自身占据空间体量的变化因素。而人的感知体验是借助界定因素、材质、形式、比例、光、尺度等内容综合统构，通过心理作用和肢体感受来呈现的。人的听觉、视觉、嗅觉、触觉、感觉感性地融入空间，对空间概念进行了重新认定。因而，空间中这种人对物化实体限定的空间超越，成为了可感知的创造空间的另一种构成因素（见图 2–17）。

人对室内空间的功能要求有两类。

（1）生活需要功能：为满足生存和生活使用的条件。

（2）精神需求功能：心灵寄托的寻求。

生活的功能限定着形式，形式影响着功能的发挥，两者是互动互制、相辅相成的。我们生活中异彩纷呈，生存需要的空间不胜枚举。因而，室内空间设计的形式、状态层面也会随功能的发展而层出不穷。

尽管环境形态极为复杂多变，整体空间的构成作为一种物化形态的建立，都充分地体现了实用功能与人的关系。

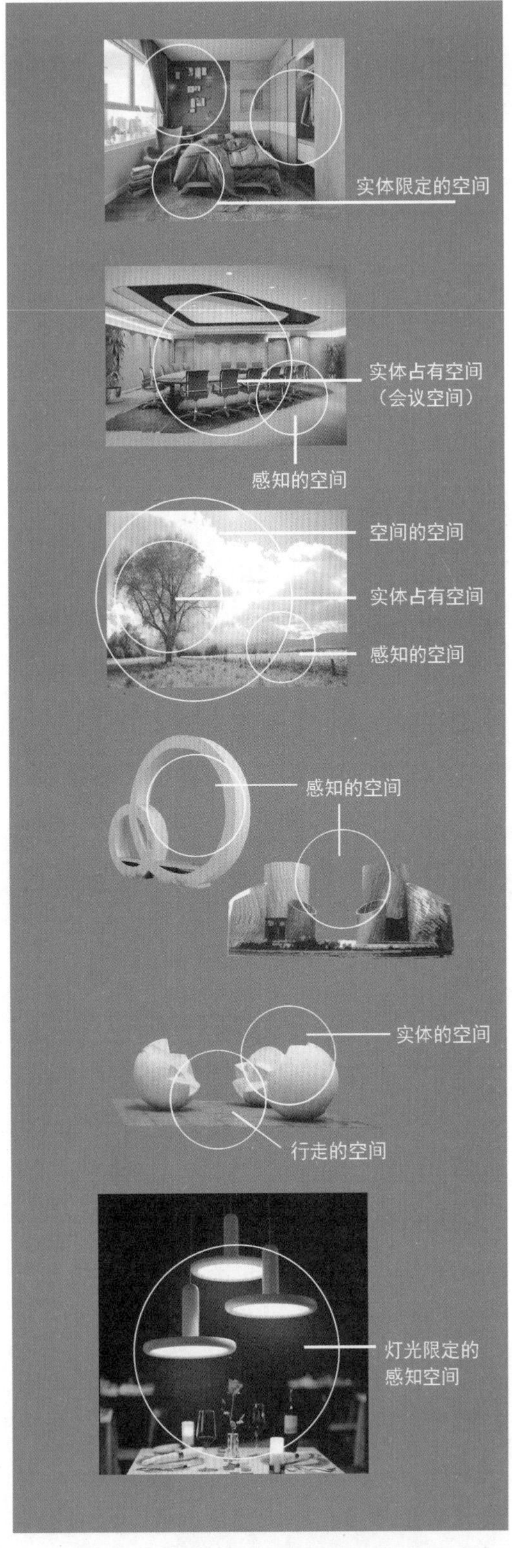

图 2–17　空间和实体的空间概念

对于室内空间设计，在认知其基本的构成因素后，随之而来的是关于空间相关因素的直接体现，这是在具体定位时一定不能忽视的。如空间中关于人体工程学的尺度要求、经济要求、环保要求、文化要求、个性要求等，这些因素作用于人的感官，使使用者透过这些空间环境的表现形式来认定环境的内容，增加其设计语言的表达。

第四节　室内设计对界面与形式的研究

界面在室内空间中是二次设计的形式要素。例如，室内的地面、墙面、顶面、柱子、使用物的周边面等，它们是空间组合最基本的构成元素。它有来自材质的、结构与构造技术的、色彩的、灯光的、造型形式的和行为心理感知的多方面内容。它既有二维和三维形式，又有四维空间的定位，综合的形式确定是完善设计中关键的一个环节。

界面营建的考虑应遵循以下几个步骤。

第一步　应从整体空间中通过图式化角度去认知

几何形轮廓线的单元外形，限定了人们感知的界面区域、形状、大小、线条与形式，担当着围合空间介质的界面图式结构的“身份”，从感知出发，带出大界面的肌理成因和形式意向，从小到大、从实体到虚拟、从封闭到透明、从少到多、从单一形式到组合形式、从二维三维到四维的定位，融入各类空间的围护结构，形式不同的区域或整体限制，表现着特定的语言定义。

在一般意义上，界面的区域，它的“内身”设计更是元素“身份”表现的“地方”。从单一二维结构的“内”与“外”来看，面与面的接触是用线的形式表现的，既表示了轮廓，也表述了某种情感或结构秩序。

图式区域内主导的水平线型的界面形式，能给人一种平和、宽广、稳定、拓展水平空间的定向感知（见图2-18、图2-19）。图式区域内垂直线型的界面形式，给人一种崇高、挺拔、拓展垂直空间的定向感知（见图2-20）。规整的几何形界面又给人一种庄重、简洁、诚实的定向（见图2-21）。不规整的几何形图式界面，给人一种跳跃、

图2-18　水平线型的界面形式　设计者：齐霖　张岩鑫

图2-19　水平线型的界面形式

活跃、运动的意向（见图 2–22）。而曲张型图式界面又能给人一种速度、优美、暗示的定向感知（见图 2–23）。

从三维成因上看，实虚、肌理、材质、色彩、结构、光影、造型又会促进区域内图式界面的表现语言的丰富。粗糙和厚重感的界面，表现出一种稳定、安全、有力及视觉中心的机能秩序。轻质和透明的界面，会表现出一种放松、遥远、优雅、通透的定向。建立柔软和光滑的界面区域，使人定向感知自然、人情化、放松、距离和速度。冷硬感的材质与界面定位，使人定向感知到严肃、气派、机械、冷漠。

图 2–20　垂直线型的界面形式

图 2–21　规整的几何形界面形式　设计者：齐霖　张岩鑫

图 2–22　不规整的几何形界面形式

图 2–23　曲张型的界面形式

在三维定位中，小的界面被大的界面所包含。同门窗、线角、装饰物、隔断、家具、设备等元素有条件地组合，形成总体概念的界面秩序，使人们对空间界面在三维领域中大小、尺度、风格、空间序列及各类功能场域有了新的认知和形式定位。

再从四维空间上看，室内空间界面与形式，还体现在时空关系的介入上。人利用知觉作用，在时间与速度的流动上，使界面界定在不同的空间层面位置上、时间差别上，带来不同的设计形式与丰富的设计语言。这样，界面的组合与交接、面积与肌理、位置与材质、节奏与均衡、装饰与形式会让人感受到这不仅仅是一个空间实体的整体区域效果，还是一个将会形成新的、清晰的视觉秩序和机能信息的综合载体。

第二步　从色彩的角度去创造

界面色彩与空间色调是密切相关的。无论室内整体环境是暖色调，是冷色调，还是亮色调或暗色调，界面色的形式只是其中的一个组成部分。室内整体色彩创意，是各界面色彩的综合体现。色彩有三要素（色相、明度、纯度）。色彩又有二重性（固有色、条件色）。色彩还有它自身的应用规律（对比方法、调和方法）。色彩既有二维三维的应用，又有四维时空条件的定位，这是它在室内环境应用中最显著的特点。

确定空间整体色调，不外乎有三类方法。

（1）色系色类：利用某类色性，作为主控色相，在明度和纯度上进行相互关系的调整，如冷色色系、中性色色系、暖色色系等（见图 2-24~ 图 2-26）。

（2）对比色类：利用两种或两种以上的色相进行配色，但必须服从某一主控色相统筹环境，如红与绿、黑与白、亮与暗等（见图 2-27~ 图 2-29）。

（3）类似色类：用“色环”上相邻的色彩进行配色，也可对单一色进行明度与纯度的表现，如浅黄、深黄、土黄、白、褐黄等（见图 2-30~ 图 2-32）。

无论怎样选择各界面组合的配色，在考虑功能、习惯、生活、个性、机能等因素时，需要重视整体空间中色彩三维、四维空间的明度秩序关系，即空间呈现的“黑、白、灰”几级色彩明度变化，把握住室内色彩环境的变化与统一。

第三步　从综合构置物上去操作

完全“净面”的界面形式，一般在室内空间中是较少应用的。主题性的、建筑性的、陪衬性的界面，使得界面构成概念

图 2-24　冷色色系

图 2–25　中性色色系　设计者：李倩倩

图 2–26　暖色色系　设计者：李倩倩

图 2–27　红与绿

图 2–28　黑与白

图 2–29　亮与暗

图 2–30　类似色类

图 2–31　台湾某住宅起居室

图 2–32　某公寓卧室　设计者：李倩倩

的内涵层次丰富，对线角的、机能的（台级、柱子、隔断等）、二维图案的、灯光的、布艺的、挂饰的、摆饰的、吊饰的等空间界面形式的界定，从机能角度、装饰角度、陈设角度都能使单一界面的形式语言系统化和功能化。

利用以上界面形式去统构空间，能建立起不同层面形式的空间模式，并满足人们各种生活功能和精神功能的需求（见图 2–33~ 图 2–36）。

一、地面设计

地面在室内是影响空间特征的重要因素。从自身构成的条件来看，地面设计首先取决于平面与垂直的空间创造；其次是

图 2-33　某展示空间
设计者：李倩倩　指导教师：张岩鑫

图 2-34

图 2-35

材料本身因素（光滑、粗糙、硬软、轻重）；再次是构成视觉形象的（色彩、图案单位组合结构与边际限定等）因素营建。这些令表现地面界面设计的语言多元化，使其因素的表现力参与空间艺术的塑造，并扮演着重要的角色（见图 2-36、图 2-37）。

地面设计考虑的主要内容如下。

（1）地面材质以及功能需求的利弊。

（2）地面可否有结构变化、地面的图案形式与风格。

（3）地面构成结构的比例和设计内容的关系。

（4）地面色彩定位和引导行为活动的动机。

（5）地面材质与地域因素的综合考虑。

（6）地面设计定位与使用者的经济实力是否匹配。

（7）地面设计与使用者状况和层面。

（8）地面定位与维护。

（9）地面材质定位与心理因素。

（10）地面设计的长期发展与环保要求。

二、墙面设计

墙面是建筑物的重要组成部分，它的作用是承重、围护或分隔空间，而墙面指的是墙体的表面。不同的场所，不同功能范围及设计之要求，产生的存在方式是不一样的。只作为背景方式存在多见于常规设计之中，而把某一侧墙面作为视觉中心来定位考虑也是客观的。侧立面的形式存在，一定要在充分研究人与空间及同功能的条件后，运用比例、尺度、色彩、对比、材质、结构、构造、形式，创造出适人适需的设计形式目标，才能增强空间整体艺术效果（见图 2–38）。

墙面设计的主要关注问题如下。

（1）墙面可利用范围。

图 2–36 地面设计

图 2–37 地面设计

（2）墙面与不同功能空间处理要求和方法。

（3）墙面与视觉中心的定位。

（4）墙面材质与造型形式的结合。

（5）墙面秩序构成与功能分区的联系与区别。

（6）墙面的机能怎样（隐藏设备、电线电缆、排风管线等）。

（7）墙面与门窗及细部处理（收口、延续形式等）。

（8）墙面与空间机能的关系（结合实用功能与空间产生密切联系）。

（9）墙面的装饰因素处理。

（10）墙面的色彩定位和灯光的影响因素。

三、顶面设计

顶面也是封闭设施与展开设备的地方。

图 2–38 墙面设计

顶面又是可以营建空间个性与品位的地方。但总的说来，顶面应根据不同的原空间结构和不同的新功能需求，适时、适地地去统构，不可凭主观定位去实现设计，它终究是附属于空间功能的界面而已。

顶面的设计，不宜过于复杂，除了特殊环境的特殊构造、限定空间中心区域或形成一定形式结构，产生了某种方式以外，应力求简洁才是根本。

在多种环境室内功能要求下，顶面设计的重要作用是通过它把人们的视线控制在人可平视及俯视的区域内，以便观看重点内容；满足人舒适、安全、便捷地使用周围环境的心理需要；通过提供这样的生活行为条件，带来欣赏环境美的精神需求（见图 2-39）。

顶面设计主要关注的问题如下。

（1）顶面高度与空间关系。

图 2-39 顶面设计

（2）顶面处理形式与功能需要。

（3）顶面处理时对设备隐藏的考虑。

（4）顶面的材质选择与心理需求。

（5）顶面造型与风格。

（6）顶面结构构造处理与空间机能。

（7）顶面对设备维修问题怎样处理。

（8）顶面可否建立空间视觉中心及可促成条件等。

四、柱子及隔断

在室内空间中，柱子及隔断这类空间界定元素是显而易见的，或多或少，但都在主要位置上。对于它们的界面形式，不外乎从功能、心理需要去考虑，发挥出它们的空间界定作用。由于它们多是以空间内空间的形式构成，所以，它们对空间风格的形成和秩序与层次的丰富，是其他界定空间环境媒介所不能替代的（见图 2-40）。

柱子及隔断的思考提示如下。

（1）柱子“显”与“隐”的空间计划。

（2）柱子形态如何、数量、点、线、面的空间定位怎样。

（3）柱子与空间功能的机能作用。

（4）柱子与空间的视觉中心问题。

（5）柱子在空间中不同位置的相应设计对策。

（6）柱子同整体空间风格问题。

（7）柱子界定同其他功能需求的功能相加性。

（8）隔断设计的必要性。

（9）隔断的高低与空间认知。

（10）隔断的材质、色彩与小环境营建。

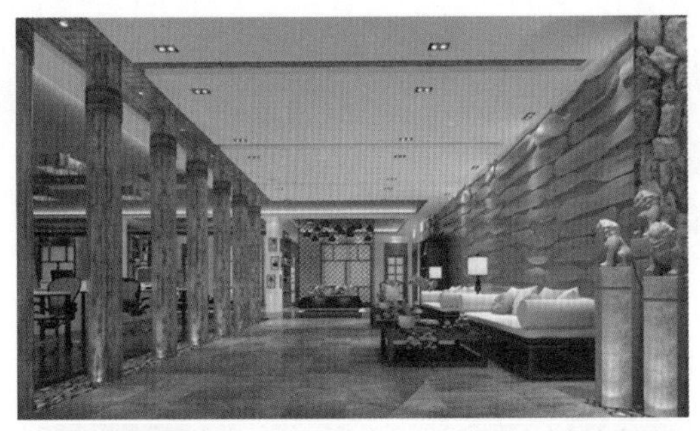

图 2-40　柱子及隔断

（11）隔断的组合性。

五、家具、布艺及其他

家具、布艺、工艺品、工业产品、植物等在作为界面构成因素时，它的价值就不仅反映在其实用功能上，参与空间机能，融入界定之中，也许还将成为空间中主控的界定介质。因此，对其色、形、体及组合，不可轻视（见图 2-41）。

家具、布艺等思考提示如下。

（1）家具宽窄、高低、色彩与空间的再创造。

（2）家具是否具有灵活组合性。

（3）家具能否成为隔“墙”。

（4）窗帘的挂法与形式效果的界定。

（5）窗帘图案在室内空间中的统一性如何。

（6）工艺品的形、色与装饰的表现如何。

（7）利用家具划定区域空间的感知怎样呈现。

（8）家具成为空间的主界定元素。

图 2-41　家具及布艺

第三章　室内设计的流派与装饰艺术

THE GENRE OF INTERIOR DESIGN AND DECORATIVE ART

第一节　历史流派与风格流派

历代室内设计的艺术风格，总是具有时代的印记，它反映着一个时代的人类文明与历史文化的深刻内涵。每一时期的室内设计从设计构思、施工工艺、装饰材料到内部设施，必然与当时社会的物质生产水平、社会文化和精神生活状况联系在一起。而在室内空间组织、平面布局和装饰处理等方面，从总体说来，也和当时的哲学思想、美学观点、社会经济、民俗民风等密切相关。

在室内设计中对历史进行借鉴，不单单只是形式上的模仿，更重要的是从传统精神层面对其进行深入的领会、挖掘与借鉴，正确把握它的各个历史时期的因素、特点与形式。在对传统文化理解消化的基础上，为我们的设计分析和创作带来启迪。

下面，就室内设计历史发展的有关脉络作一下简要介绍。

一、古代部分

1. 古代埃及的室内设计

在人类文明发展的历史中，能够考察到并有史料记载的最早的完整的室内设计出现在古埃及王国。

古埃及有代表性的室内设计有两类：一类是贵族府邸、宫殿；一类是神庙，它们的形制已经很发达。

府邸的典型形制是：有几层院落的内院式布局，主要房间辕北，前面有敞廊与室外相连。平屋顶，大小房间之间有高低差以便开侧高窗通风。朝院子开门窗、外墙基本不开窗，力求和街道隔离。主要房间和院子同在住宅的轴线上。府邸大抵采用木构架，柱子富有雕饰，有的把整根柱子雕成一茎纸草的样子（见图3-1）。家具轻便简单，大部分可折叠便于携带，比例适中，雕饰适度，典雅无比。皇帝的宫殿和府邸在形制上相差无几，有明确纵轴线的纵深布局，纵轴的尽端是皇帝的宝座。宫殿用来举行重要仪典的大殿相当大，内部塞满了柱子，宫殿仍是木构，砖墙面抹一层胶泥砂浆，再抹一层石膏，然后绘制壁画，壁画题材主要是植物和飞禽。天花、

图 3-1 古埃及常见的柱子形式（从左至右，蓬花束茎式、纸草束式、纸草盛放式）

地面、柱子上也都有画，非常华丽。宫殿里处处陈列着皇帝和他妻子的圆雕。

公元前 21 世纪后，埃及政权政教合一，皇帝成为太阳神的化身，皇帝的神庙成为崇拜皇帝的象征。因此，神庙逐渐取代宫殿、府邸成为这一时期突出的建筑。典型的古埃及神庙一般以中轴线为中心，呈南北方向延伸，依次由塔门、立柱庭院、柱厅大殿和祭祀殿以及一些密室组成，形成了连续而与外界隔绝的封闭性空间。这种纵深的结构使得神庙有无限的延伸感。埃及神庙中最为著名的是卡纳克阿蒙神庙（见图 3-2），也是当今世界上仅存的规模最大的庙宇。图 3-3 所示为另一著名庙宇建筑帕特农神庙。

2. 古代爱琴地区的室内设计

公元前 2000 年左右，在爱琴海上的克里特岛、希腊半岛上的迈西尼和小亚细亚的特洛伊出现了早期奴隶制王国，并先后再现了克里特和以迈西尼为中心的古代爱琴文明。这一时期的建筑，尤其是室内设计具有独特的艺术魅力。其中克里特岛上克诺索斯的米诺斯王宫堪称杰出的实例，它的特点是：平面的布局相当杂乱，以一个 60m × 29m 的长方形院子为中心，另外有许多采光通风的小天井，一般是每个小天井周围的房间自成一组。宫殿地势高差很大，内部普遍设楼梯和台阶。房间内部开敞，室内外之间常常只用几根柱子划分。房间也是这样，每一组围着采光井的房间中都有一间长方形房间，称为正厅，以较窄一边向前，正中设门，门前有一对柱子。大门形制独特，为工字形平面，中央横墙上开门洞，有时会在前面设一对柱子，夹在两侧墙头之间。房间墙的下部用乱石堆

图 3-2　卡纳克阿蒙神庙

图 3-3　帕特农神庙

砌，以上用土坯，墙里加木骨架，墙面抹泥或石灰，露出的木骨架被涂成深红色。柱子的柱头大多是肥厚的圆盘，圆盘上有一块方石板，下面有一圈凹圆的刻着花瓣的线脚，柱身为红色，上粗下细。细长比为1∶5~1∶6，这种柱子曾影响到早期的希腊建筑。

3. 古代希腊的室内设计

古希腊建筑所取得的辉煌艺术成就，得益于古希腊文化中蓬勃昂扬的人文精神。这种精神一是表现为对人和人体的关怀、赞美和尊重，二是表现为对人的审美感受的强调和张扬。在它们的影响下，古希腊建筑处处焕发出人性的光辉。

为了膜拜众多的神灵，古希腊人建造了大量的殿宇，这不仅促进了建筑技术的发展，而且使“神庙”成为当时最重要的建筑类型之一。典型的希腊庙宇是一个简单且没有窗户的长方形石砌建筑，四周则是石头立柱形成的围廊，或者在前面短边抑或前后两短边外墙入口处形成列柱式柱廊，屋顶是木屋架，两侧形成三角形山花，石砌的山花上有主题性圆雕。

经典的古希腊柱式共有三种基本的样式，它们是形成于多立克族地区的“多利克柱式”、形成于爱奥尼族地区的“爱奥尼柱式”和据传由雕刻家卡利马科斯发展创造的“科林斯柱式”。柱式的形成，是古希腊对西方建筑艺术的一大贡献（见图 3-4~ 图 3-6）。

古希腊建筑体现着静穆、亲切、和谐、均匀、秩序的美学思想，这是一种理想的美，它来自古希腊人的理性精神。无论科学还是艺术，古希腊人都讲究“数”的和谐关系。于是古希腊人不仅发现了“黄金比”分割值，而且在包括建筑设计在内的艺术创作中始终遵循着数的比值观。

4. 古罗马的室内设计

古罗马建筑采用希腊的柱式并略作变

化，尤其采用的是多立克柱式，但在立柱比例上做了些调整并且加上了柱座。古罗马人对富丽堂皇的科林斯柱式比较偏爱，往往在设计中作为最宠爱的部分加以采用。古罗马人还创造了塔司干柱式，并将科林斯与爱奥尼柱式的柱头相叠加形成更加复杂华丽的组合柱式。

古罗马在建筑结构上，普遍采用券拱技术，半圆形券、筒形拱、穹顶、十字拱、拱顶体系成为古罗马结构形式的代表。在构图形式上，他们又发明了券柱和连续券两种形式。

罗马帝国是世界古代史上最大的帝国，兴建了许多规模宏大且具有鲜明时代特征的建筑，其中万神庙成为这一时期最杰出的代表。

万神庙最令人瞩目的特点就是以精巧的穹顶结构创造出饱满、凝重的内部空间——圆形大殿（见图3–7）。大殿直径与高度均为43.3m，按当时观念，穹顶象

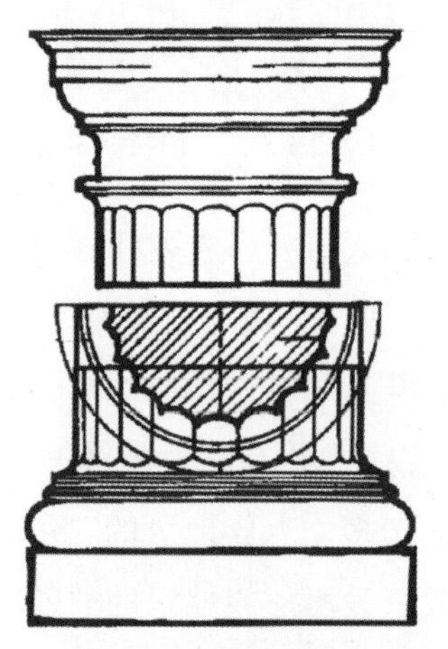

图 3–4　多利克柱式

图 3–5　爱奥尼柱式

图 3–6　科林斯柱式

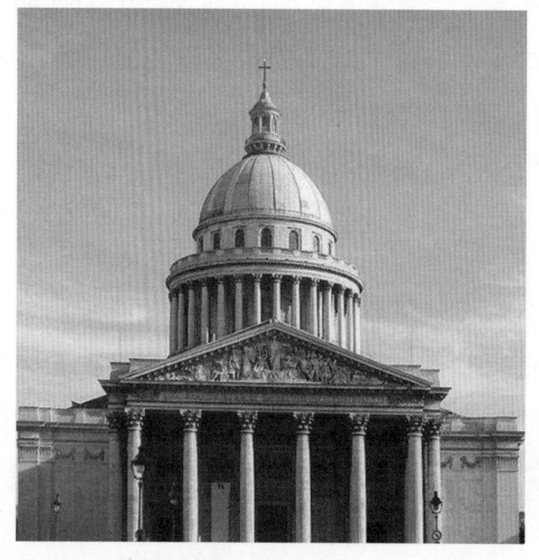

图 3–7a　万神庙外观

图 3–7b　万神庙内部

征天宇，它中央开了一个直径为 8.9m 的圆洞，象征着神的世界和人的世界的联系。内表面分为两层，上半部半球形穹顶做五排接近方形的藻井，逐排收缩，上小下大，增强了整个穹顶圆面深远的效果。

阳光呈束状从顶部圆洞射向殿堂，随着太阳的移动，射入光线因其角度的改变而产生强弱、明暗和方向上的变化，依次照亮七个雕像，使人如身临苍穹之下，与天国神祇产生神秘感应。

万神庙的室内处理主次分明，虚实相映，整体感强。万神庙是极富有艺术感染力的室内空间形象，代表了古罗马建筑艺术和技术的高度成就，在室内设计史中占有十分重要的地位（见图 3–8、图 3–9）。

5. 中世纪时期的室内设计

公元 5—15 世纪资本主义制度萌芽之前，欧洲的封建时期被称为中世纪，时间跨度约为 1000 年。宗教建筑在这个时期成为建筑成就的最高代表，基督教堂和修道院成为中世纪欧洲建筑的主体。

（1）早期基督教式设计。早期的基督教堂从古罗马的“巴西利卡”发展而来，故被称为“巴西利卡式”教堂，圣玛利亚教堂是其中的典型代表（见图 3–10）。

圣玛利亚教堂屋顶为木质结构，内部

图 3–8　罗马凯旋门

图 3–10　圣玛利亚教堂

图 3–9　古罗马竞技场

由3~5个长廊组成，中间长廊宽而高大的是中厅，两侧窄而低的是侧廊，光线从左右两边的天窗射进中厅。巴西利卡式教堂的外观极为简朴，内厅却相当华丽。教堂采用了建立在古罗马建筑实践基础上的拱门和立柱，但细部缺乏古典风格和传统性。在墙壁上常用彩色玻璃和各式大理石组成富丽堂皇的镶嵌画，马赛克艺术成了几何形地板和墙壁的主要装饰手段及宗教主题绘画的表现形式。

（2）拜占庭式设计。公元4—6世纪是拜占庭建筑走向繁荣的时期。其主要建筑活动是以罗马城为样板兴建了君士坦丁堡。这期间东正教的教堂越来越宏大华丽，最光辉的代表是位于今天土耳其境内的圣索菲亚大教堂（见图3-11）。

教堂建筑是拜占庭建筑艺术的典型代表。与罗马教会势力范围下的西欧教堂不同，拜占庭教堂分为三种形式：巴西利卡式（长方形）、集中式（为圆形或八角形）和十字式（希腊十字形）。这三种形式在

图3-11　圣索菲亚大教堂

结构上都有一个共同点，就是对穹顶的强调。其屋顶大多为独特的穹隆形，有的是一个大穹隆，有的是一个大穹隆带几个小穹隆。这种穹隆除了象征苍天之外，也带有保护和覆盖神圣场所的意义。

拜占庭建筑的内部，在发券、拱脚、穹顶底脚、柱头、檐口和其他承重或转折的部位用石头砌筑并做雕刻装饰，题材以几何图案或程式化的植物为主。雕饰手法特别：保持构件原来的几何形状，而用三角形截面的凹槽和钻孔来突出图案。此外，用彩色大理石板、玻璃马赛克和粉画来做室内装饰也是其特色之一。

（3）罗马风建筑。公元11—12世纪，一些有意向古罗马风格靠拢的教堂在这些国家陆续出现了，人们称其为“罗马风建筑”。罗马风建筑常以古典柱式做装饰，空间由高大突出的中厅、两个侧厅和横厅组成，彼此由墩柱严格分开。其墙壁非常厚实，窗户开得很小，中厅也因此显得幽暗而神秘。

罗马风建筑最重要的特征之一，是对古罗马的半圆形拱券结构的广泛应用。一般是在门窗和拱廊上采用半圆形拱顶，并以一种拱状穹顶和交叉拱顶作为内部支撑。建筑上还常采用扶壁和肋骨拱来平衡拱顶的横推力，这些是哥特式建筑发展的基础，其结构与形式对后来的建筑影响很大。

室内装饰崇尚简单朴素，给人留下装饰降低到最少限度而强调空间结构的印象。临近罗马风建筑时代，末期规模较大的教堂开始注意较为精细的装饰，室内最

主要的特点是出现了集束柱，进而内部的垂直因素得以加强，削弱了沉重感。

（4）哥特式设计。哥特式建筑在11世纪下半叶起源于法国，其特点是无论建筑的外观还是内部空间都追求一种轻盈、飞升的强烈动感。

哥特式建筑精巧地平衡了建筑向上的升力和重力，充分体现了技术与神学和美学的结合。由于技术的进步，加上采用较轻的建筑材料，哥特式建筑的高度越来越高，充满了强烈的升腾动势。

哥特式建筑的内部空间高旷而明亮，教堂内部裸露着近似框架式的结构，支柱仿佛是成束的骨架券的茎梗，垂直线条统治所有的部位。筋骨嶙峋，几乎没有墙，雕刻、壁画之类附着，极其峻峭清冷。窗子占满支柱之间的整个面积，上面是用铅条和彩色玻璃镶嵌的图画，它既作为装饰艺术，又可作为宗教叙事图解。垂直的线条，再加上从高大的玻璃窗透射进来的奇光异彩，往往使人产生一种对天国无限向往的宗教心理。著名的巴黎圣母院便是杰出实例（见图3–12），这种建筑样式已被公认为是中世纪艺术的最高成就。

6. 文艺复兴时期的室内设计

14世纪，在以意大利为中心的思想文化领域，出现了反对宗教、神权的运动，强调一种以人为本位并以理性取代神权的人本主义思想，从而打破中世纪神学的桎梏，使欧洲出现一个文化蓬勃发展的新时

图3–12　巴黎圣母院

期，即文艺复兴时期。

在建筑及室内设计上，他们十分注重研究和采用经典建筑的艺术要素，如柱式、构图、建筑类型等，提倡复兴古希腊、古罗马的建筑风格，以取代象征着神权的哥特建筑，在宗教和世俗建筑上重新采用体现着和谐与理性的构图要素。

文艺复兴时期欧洲建筑的主要特征表现为：古典柱式重新启用，并再度成为建筑造型的构图主题；重新使用穹顶、半圆形券、三角形山花、厚实墙。建筑平面推崇圆形平面集中式体量，追求合乎理性的建筑、强调规则、条理、水平舒展的构图。

文艺复兴早期，在府邸等世俗建筑室内，小心地借用古罗马建筑细部，并适应他们的时代潮流，开始增加装饰线脚，尽管室内其他方面平平淡淡，由结构桁条组成精致的方形图案天花、彩绘的墙壁和天花板装饰以及古典装饰线条却成了空间装饰的主要因素。天花板的装饰还包括绘画。雕刻板饰或者一种特殊格律的诗行也作为装饰出现在墙上。

文艺复兴中期，古典装饰手法提供了墙壁装饰、门窗线脚及精致的壁炉和天花，家具仍用得很少，但是，家具变得豪华且类型丰富多彩（见图 3-13）。

7. 巴洛克室内设计

16 世纪下半叶，文艺复兴运动趋向衰退，建筑及室内设计进入一个相当混乱的时期。产生于意大利的巴洛克，以热情奔放、追求动态、装饰华丽的特点赢得当时天主教会及贵族的喜好，进而迅速风靡欧洲。

巴洛克风格的建筑及室内设计主要有以下三方面的特点：首先，在造型上以椭圆形、曲线与曲面等极其生动的形式突破文艺复兴时和谐、严谨的规则，着意强化变化和动感。擅长利用透视的幻觉和增加结构上的层次来夸大空间距离的深远感，运用光影变化和形体的不稳定组合来产生虚幻与动荡的气氛。其次，打破了建筑空间、雕刻和绘画的界限，强调艺术形式多方面的融合，主要体现天顶画的艺术成就，在色彩上追求华贵富丽，多用纯颜色，并饰以金银箔。此外，巴洛克室内设计还具有平面布局开放多变、装饰处理过于夸张的特点，通过富丽的装饰、大面积的壁画、动势强烈的雕像和绚烂的色彩来营造脱离现实的感觉（见图 3-14）。

图 3-13　文艺复兴时期室内设计

8. 洛可可风格

18 世纪上半叶，法国专制政体出现危机，宫廷鼎盛时代一去不复返。宫廷贵族们再也受不了古典主义的严肃和巴洛克豪华的喧嚣放肆，逍遥放纵的艺术口味日趋泛滥，于是，洛可可艺术随之在宫廷和贵族府邸中产生了。这是一种更柔媚、更细腻、更纤巧的格调。

精致的客厅和亲切的起居室更适合宫廷贵族们举止风流的慵懒生活。洛可可风格主要表现在室内装饰上，装饰题材有自然主义倾向，爱用千变万化舒卷着、纠缠着的草叶，此外，还有蚌壳、蔷薇和棕榈。它们还构成了撑托、壁炉架、镜框、门窗框和家具腿等，为了彻底模仿植物的自然形态，后来它们竟完全不对称，如镜框四边和四个角都不一样。

装饰爱用娇艳的颜色，如嫩绿、粉红、猩红等，线脚大多是金色的，喜爱闪烁的光泽，墙上大量嵌镜子，挂晶体玻璃的吊灯，陈设着瓷器，家具上镶螺钿，壁炉用磨光的大理石，大量使用金漆等。门窗的上槛、镜子和框边线脚等上下沿尽量避免用水平直线，而用多变的曲线，并常被装饰打断，也尽量避免方角，在各转角上总是用涡卷、花草或瓔珞等来软化和掩盖（见图 3–15）。

9. 伊斯兰风格

伊斯兰风格的室内设计特征表现为两方面：一是多种多样的券和穹顶的式样。伊斯兰建筑大多是用穹顶覆盖的集中式，大量采用连续券，券的形式有双圆心尖券、马蹄形券、火焰形券、海扇形券、花瓣形券或叠层花瓣形券等。相应的也大致有这许多样式的穹顶，它们的装饰效果很强，大多的券面和券底都有灰塑的花边和几何

图 3–15　洛可可风格室内设计

图 3–14　巴洛克风格室内设计

纹样。二是大面积的表面图案。在形式特征上表现为高度的图式化、几何化、抽象化的平面效果，排斥写实形象。限于教义的规定，图案主题取植物或阿拉伯古兰经文之类，以抽象线条的盘绕缠结为主要表现手法，最初常见的装饰是在抹灰面上作粉画，还有一种是在比较厚的灰浆上模印图案。后来则多用彩色玻璃或掺用普通砖砌成图案。有些甚至把晶莹明亮的镜片嵌在图案里，图案的色调以深蓝、浅蓝为主。另外，雕花的木板、石膏板和大理石板广泛使用，有时做透雕用在门窗上（见图 3–16）。

10. 中国传统风格

中国传统的室内设计曾随民族生活习惯的变化而演变。如：商、周至三国为跪坐习俗，家具皆为低矮的几案、席榻，室内空间多以帷幕等织物分隔；魏晋之后，开始使用高形坐具，经五代至宋代开始定形，室内空间多以屏风分隔；由明至清初，室内装饰风格崇尚简洁明朗，讲求线条表现；清中期之后，室内风格渐趋烦冗华藻。就中国传统室内装饰手法而言，主要由两部分组成：一方面是与建筑本身的木结构相关，在结构构件和门窗上施以彩绘或雕刻，花格门窗极具特色，用屏风、挂落或罩、博古架等装饰和分割室内空间，用中国木结构特有构件“斗拱”，以及由其组成的“藻井”或天花丰富室内的空间装饰效果；另一方面则是文人气质的匾额、对联、字画、陶瓷等陈设挂件，配以风格协调、色彩沉稳、工艺精湛的各种家具。上述两方面用于皇家或寺庙类，多辅以金色、红色及青绿彩绘，追求富丽堂皇的视觉效果；用于住宅，尤其是文人住宅，视觉效果多讲求淡雅和谐，且可与室外自然风格的庭园互为融合（见图 3–17）。

中国传统风格的室内设计对中国周边国家尤其是日本、朝鲜有着较大的影响，在世界室内设计史上独树一帜。

11. 日本传统风格

日本室内设计传统因民族审美趣味和生活习惯的不同而与中国有着明显的区别。在装饰趣味上，注重表现材料本身的质感和工匠精湛的制作工艺；造型多具有明显的装饰和抽象倾向，简洁明朗；色彩或用金色、红色或蓝绿色，形成艳丽明快

图 3–16　伊斯兰风格室内设计

图 3–17　明清时期室内装饰风格

的视觉效果；或讲求表现材料本身的质地本色，形成素雅的格调。在日本室内设计的传统手法中，用于分隔房间与空间的“数寄”——推拉门始终是装饰的重点。在日本传统的和式住宅室内，简单的木结构柱子、天花、推拉门和素雅柔软的榻榻米铺地使得空间造型极其简洁；室内陈设布置井然有序，低矮的茶几形成中心，周围地面放置和风蒲团，陈设日本“茶道”陶瓷或漆器，或用日本“花道”的插花、日式挂轴，细竹帘子，或悬挂日本式“和纸灯笼”来增加室内淡雅的气氛（见图 3–18）。

二、近现代部分

1. 工艺美术运动

对近代室内设计思想最具影响的是发生于 19 世纪中叶的工艺美术运动，它是小资产阶级浪漫主义思想的反映。工艺美术运动，又称艺术和手工艺运动 (Artsand Crafts Movement)，它是针对工业革命后艺术设计、传统手工艺之贫弱，而力图通过复兴传统手工艺以及重建艺术与设计的紧密联系，来探索新的社会背景下艺术设计发展道路的一场改革运动，对现代设计产生了重要的作用。它对艺术和传统、对自然的美、对人的审美趣味的强调，从总体上推进了西方现代设计的发展。代表人物是英国的拉斯金和威廉·莫里斯，他们提倡艺术化的手工制品，反对机器产品，强调古趣，热衷于手工艺效果与自然材料的美。代表作品为 1859 年威廉·莫里斯与朋友一起为自己设计的新住宅“红屋”（见图 3–19）。这个建筑外形不用古典对称布局，平面根据功能需要布置成 L 形，用本地产的红砖建造，不加粉刷，大胆摒弃了传统贴面的装饰，表现出材料本身的质感。室内设计力图创造安逸舒适而不是庄重刻板的气氛，墙面采用莫里斯自己设计的色彩鲜亮、图案简洁的壁纸（见图 3–20）。

2. 新艺术运动

在欧洲真正改变建筑形式的信号是在 19 世纪 80 年代开始于比利时布鲁塞尔的新艺术运动。新艺术运动极力反对历史样式，力争创造前所未见的适应工业时代精神的简化装饰。用流动、舒畅、缓和的曲线来表现新的美，因而其作品外形一般比较简洁，尽量减少浮饰。其特征主要表现为：室内装

图 3–18 日本传统室内设计

图 3–19 红屋

图 3-20　壁纸

饰主题是模仿自然界生长繁盛的草木形状的曲线，不对称，具有极强的动态和纤细的比例。这些构图和构成特征淋漓尽致地运用在墙面、家具、壁纸、栏杆、窗棂及梁柱上。由于铁便于制作各种曲线，而当时铸铁工艺又很发达，因此，装饰中广泛应用铁构件创造二度空间的塑性形式。到 19 世纪末，这一流派已发展至炉火纯青，建筑从里到外，都用这种风格装成统一的整体。

代表人物维克多· 霍塔（Victor Horta），他是比利时新艺术建筑的奠基人。他设计的位于布鲁塞尔的塔塞尔旅馆，是新艺术运动的第一座建筑（见图 3-21），它表现了早期的新艺术运动风格，至今仍被认为是建筑史上的一个里程碑。

3. 国际式风格派（现代主义派）

20 世纪 20 年代，国际式风格伴随现代主义建筑的功能主义理论应运而生。现代主义以新的观念指导创作，新建筑强调功能第一，形式第二；注重使用新技术和新材料；对传统的形式进行大胆的革新，以求室内设计空间处理的合理性与逻辑性，反对虚伪的装饰。其中影响较大的有格罗皮乌斯的包豪斯校舍和 E.L. 赖特的流水别墅等当时的代表作（见图 3-22），它们不论在使用功能、建筑形式、结构造型上还是在材料运用上都体现了现代建筑的特征，把现代设计理论推上了更为完善的阶段。

国际式风格派的室内设计特征可归纳为：

（1）室内空间成为设计的主角，根据使用要求来确定空间的形式，空间形式灵活、自由。

（2）室内空间开敞，室内空间与室外空间以及室内空间之间往往相互渗透，空间具有流动感。

图 3-21 塔塞尔旅馆

图 3-22 流水别墅

（3）室内墙面、地面、天花以及家具、陈设、绘画、雕塑乃至灯具、器皿等，均以简洁的造型、纯净的质地、精细的工艺为特征。

（4）尽可能不用表面的、外加的装饰，取消多余的东西，结合现代建筑及装修材料和结构特点，运用建筑及室内本身的因素，取得艺术效果。

（5）建筑及室内部件尽可能使用标准部件，门窗尺寸根据模数系统设计，室内选用不同的工业产品、家具和日用品。

4. 光洁派

光洁派盛行于20世纪五六十年代，是晚期现代主义的演变，它最显著的特征就是对空间和光线的强调。光洁派的设计师摒弃了烦琐的家具装饰，青睐抽象形体的构成，常常采用雕塑感强的几何构成来塑造室内空间，使得室内空间具有宽敞明晰的轮廓和简洁明快的整体效果，功能上实用而舒适。在简洁明快的空间里运用现代材料和技术所制作的高精度的装修和家具传递着时代精神，使这些产品、部件的高精度表象成为可供欣赏的对象（见图3-23）。光洁派的室内设计特征可归纳为：

图3-23　光洁派室内设计风格

（1）空间和光线是光洁派室内设计的重要因素。为了使空间明亮，窗口、门洞的开启较大，并使室内外环境相渗透，窗户的装饰要便于室内的采光和通风。

（2）室内空间具有流动性，隔而不断，相互渗透。

（3）简化室内梁、板、柱、窗、门、家具等所有构成元素。

（4）室内较多地使用玻璃、金属、塑料等硬质光亮材料。

（5）采用几何图形的装饰和现代版画的鲜艳色彩，显示出令人愉快的现代装饰特点。

（6）室内家具少而精，常用色彩明亮、造型独特的工业化产品。

（7）墙上悬挂现代派绘画或其他现代派艺术品，并且常使用窄边金属画框。

（8）室内陈设盆栽观赏植物，为室内增添情趣。

光洁派的室内设计给人以清新、时尚、简洁、精美的印象，至今仍有一定影响。

5. 高技派

高技派是活跃于20世纪50年代末至70年代的一个设计流派，在建筑设计、室内设计中采用新技术，在美学上极力表现新技术的机械美，着力反映工业成就，宣扬未来主义。它的设计强调工业技术特征，强调透明，半透明的空间效果，喜欢以透明的玻璃，半透明的金属网分割空间形成室内层层叠叠的空间效果。高技派典型的实例为法国巴黎蓬皮杜国家艺术与文化中心（见图 3-24）、中国银行（香港）有限公司大楼等。

高技派的室内设计特征可归纳为：

（1）内部构造外翻，暴露显示内部构造和管道线路，把本应隐匿起来的服务于设计、结构、构造显露出来，强调工业技术特征。

（2）表现过程和程序，不仅显示构造组合和节点，而且表现机械运行，如将电梯、自动扶梯的传送装置都做透明处理。

（3）强调透明和半透明的空间效果。室内设计喜欢用透明的玻璃、半透明的金属网、格子等来分割空间。

（4）高技派不断探索各种新型高强度材料和空间结构，善于表现建筑结构、构件的轻巧。

（5）室内的局部或管道常涂上红、绿、黄、蓝等鲜艳纯色，以丰富空间效果。

6. 后现代主义派

20 世纪 60 年代以后，后现代主义得到发展并受到注目。

后现代主义派强调室内的复杂性和矛盾性，反对简单化、模式化，追求人情味，崇尚隐喻和象征手法的运用，提倡多元化

图 3-24　国立蓬皮杜国家艺术与文化中心

和多样化，室内设计的造型特点趋向繁多和复杂，大胆地使用新的手法重新组合室内构件，具有很大的自由度，室内的家具、陈设也往往具有象征意味。大胆运用图案装饰和色彩，讲究与现有环境相融合。在造型设计上，主张利用传统的部件和适当引进新的部件，用非传统的方法组成独特的整体，通过非传统的方法组合传统部件，使之产生新的情景，让人产生复杂的联想（见图 3–25）。

后现代主义派的室内设计特征可归纳为以下几点。

（1）室内设计造型趋于复杂、繁多，并做符号化处理，强调象征隐喻的形体特征和空间关系。

（2）把传统建筑及室内的各元件，通过新的手法加以组合或与新的元件混合、叠加，最终表现为设计语言的双重译码和暧昧含混的形体特征。

（3）在室内大胆运用图案装饰和色彩。

（4）在设计构图时往往用夸张、变形、断裂、折射、错位、扭曲、矛盾共处等手法，构图变化的自由度大。

（5）室内设置的家具、陈设的艺术品往往被突出其象征、隐喻意义。

7. 解构主义派

解构主义是 20 世纪 60 年代，以法国哲学家 J. 德里达为代表所提出的哲学观念，是对 20 世纪前期欧美盛行的结构主义和理论思想传统的质疑和批判，建筑和室内设计中的解构主义派对传统古典、构图规律等均采取否定的态度，强调不受历史文化和传统理性的约束，是一种貌似结构构成解体，突破传统形式构图，用材粗放的流派。

它对传统的“秩序”“统一”等概念提出怀疑，拒绝“综合”观念，转变为“分解”观念，将传统的现代主义形式打碎后重新组合、叠加，拒绝传统的功能与形式对立，转向两者叠合或交叉，用分解及组合的形式来表现时间的非延续性（见图 3–26）。

解构主义派的室内设计特征可概括为以下几点。

（1）刻意追求毫无关系的复杂性，无关联的片断与片断的叠加、重组，具有抽

图 3–25　古根海姆博物馆

图 3–26　鸟巢

象的废墟般的形式和不和谐性。

（2）把建筑分解为功能及非功能部分。

（3）热衷于肢解后重新组合。打破过去建筑重视结构逻辑和力学原理的悲剧感。其结构逻辑表现出极强的非理性。

（4）室内空间无中心、无场所、无约束、无逻辑性，具有设计因人而异的随意性。

8. 新古典主义派（历史主义派）

新古典主义派是在设计中运用传统美学法则，利用现代材料、结构和加工技术，使建筑造型和室内环境产生极富传统意境的设计流派。他们主张设计师要“到历史中去寻找灵感”，建筑及室内部件的形式均是来源于对传统形式的概括（见图 3–27）。

新古典主义派的室内设计特征可归纳为以下几点。

图 3–27　新古典主义派

（1）讲求风格，造型家在空间环境处理上追求传统建筑风格的韵味，不是复古而是讲究神似。

（2）用现代材料和加工技术追求传统样式的轮廓特点，采用简化的手法。

（3）注重装饰效果，用室内陈设艺术品来增强历史文化特色，往往选择用古代设施、家具及陈设艺术品来烘托室内气氛。

9. 新地方主义派（新方言派）

与现代主义的“国际式”千篇一律相对立，新地方主义派是一种强调地方特色和民俗风格设计倾向，强调乡土味和民族化的设计流派，它没有一成不变的规则和设计模式，而是在设计中尽量地使用地方材料和做法，表现出因地制宜的特色，这就使得设计对象的整体风格与当地的风土环境相融合，具有浓郁的乡土风味。它的室内设备是现代化的，保证了功能上使用舒适的要求，而室内陈设品则强调地方特色和民俗特色，呈现出民族文化特征。

新方言派的室内设计特点可归纳为以下几点。

（1）该流派没有固定的设计模式，设计时自由度较大，以反映某个地区、某个民族的风格样式及艺术特色。

（2）设计中尽量使用当地的地方材料和做法表现出独特、朴素的地方特色。

（3）从当地传统建筑和居民中吸收营养，注意建筑、室内环境要与当地的自然环境、风土人情相融合。

（4）室内设备是现代化的，保证功能

上使用舒适。

（5）室内陈设的艺术品强调地方特色和民众特色。

10. 超现实主义派

在室内设计中追求所谓超现实的纯艺术，通过别出心裁的设计，力求在建筑所限定的“有限空间”内，运用不同的设计手法以扩大空间感觉，来奉行所谓的“无限空间”，并根据所选定的要表现的主题创造“世界上不存在的世界”。（见图3-28）。

超现实主义派的室内设计特征可归纳为以下几点。

（1）设计奇形怪状的令人难以捉摸的室内空间形式，有时甚至模仿生物体或自然地貌的整体或局部，来表现特定的主题，具有较强的科幻或童话色彩。

（2）五光十色、变幻莫测的灯光效果。

（3）浓重、强烈的色彩。

（4）室内造型具有弹性或流动性，运用抽象的图案。

（5）根据主题内容的需要安入造型奇特的家具、陈设和设施。

超现实派的室内设计作品，由于刻意追求创意新颖、造型奇特，容易给人留下深刻的印象，具有极强的广告效果和商业娱乐性。

图 3-28　超现实主义派

第二节　室内设计对装饰与陈设的研究——以新中式风格为例

一、室内软装饰的阐述

1. 软装饰的概念

软装饰是一个具有相对性的概念，一般与传统的室内硬装饰相区别。软装饰设计实际上是指在装修完毕后，根据室内环境特点、功能需要、审美需求以及装饰品的特点，针对居住者的不同需求，利用那些可移动的装饰品，对室内空间进行的二度陈设与布置。软装饰在室内环境中占据着重要地位，也起着举足轻重的作用。软装饰并非独立存在的，它是装饰艺术发展的一个必然的支节，并且和建筑装饰有着密切关系，是对于生活品位和生活方式的一种追求，是生活文化、精神追求的载体。软装设计体现着设计师和使用者的生活感悟与情感体悟。

2. 软装饰的设计元素

软装饰作为室内空间中可以移动的设计，代表了室内空间的性格特点，是塑造室内空间灵魂的点睛之笔，它具有丰富的设计元素。正因为这些元素的存在，它打破了传统的装修方式，丰富了装修方案，表达主人的艺术个性以及审美意识。并且，巧妙地变换软装饰元素，也适用于旧居翻新，无须大肆地改造吊顶、地面铺装、墙面等，就能够给原来的室内空间改换面貌。

根据软装饰元素不同的功能作用，我们将其分为两大类，包括功能性软装饰元素与装饰性软装饰元素（见图 3–29）。

（1）功能性软装饰元素。功能性软装饰元素指的是以实用性为主、装饰性为辅的软装饰元素，是软装设计中的主体部分，其被称之为可移动的装修，这些设计元素更能够体现使用者的品位，是营造家具氛围的核心之一，包括布艺、家具和光影、餐具、镜子等。比如窗帘的主要目的是遮阳降噪，衣柜的主要目的是收纳衣物，灯具的主要目的则是照明。这些元素必须在满足了基本使用功能的前提下，继而通过艺术设计手法来起到装饰空间的作用，失去了实用功能的装饰不能称为功能性软装饰元素。

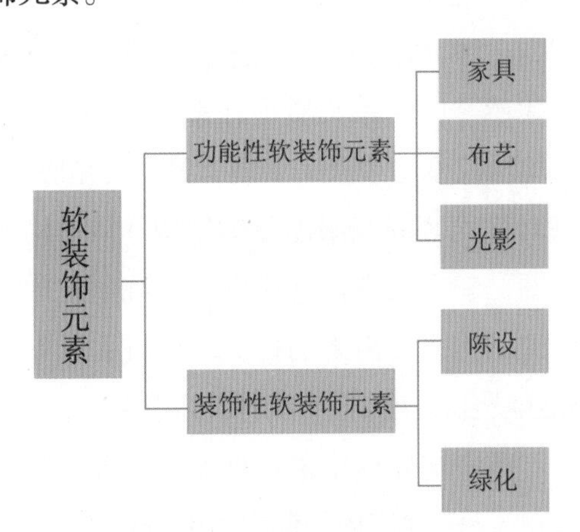

图 3–29　软装饰元素图示

（2）装饰性软装饰元素。装饰性软装饰元素，又称修饰性软装饰元素，指的是不具有功能性的物品，其通常是用来制造气氛、营造效果而没有具体实际使用功效的物品，包括陈设品和绿化等。比如，陈设品可以突出室内风格，绿化则可以用来美化空间。装饰性软装饰元素的首要任务是作为空间的装饰语言存在，营造室内空间的氛围，而实用性仅作为这一类型的软装饰品的次要考虑因素。

二、新中式风格室内设计

1. 新中式风格在室内设计中的表现形式

（1）物质文化方面。在物质文化层面上表现为采用现代建筑空间结构和空间形态、新材料与现代技术以及新形式的装饰品，让其最大限度地呈现传统材料和建筑的风貌，并直接地映射到各类使用的室内软装饰上。它应该在现代物质基础上满足物质的、精神和心理的以及经济方面的需求。在平面布局和空间设计上，强调以满足人体功能学为基础的要求，创造出科学的、合理的室内空间，体现了现代理性的空间意境。在环境设计方面，充分考虑自然环境、人文环境和艺术环境，体现“以人为本,天人合一”的观念。在材料设计上，考虑对人无毒害、可持续再生和循环利用的环保材料，体现现代用材理念。在施工技术方面，尽量考虑减少环境污染的绿色施工技术，以体现现代的技术特征。

（2）精神文化方面。新中式在精神文化方面的展示主要体现在不同的时代特征之上，表现出人们对中式文化追求的向前发展和延伸，反映出当前人们的生活水平、社会文化、意识形态及审美情趣。新中式风格的室内设计可以是多元文化的综合或是单一文化的体现，设计时可以用装饰要素、材质、色彩、图案等来体现。新中式风格的室内设计，首先应该把室内作为一种生活方式和艺术品来设计，就是设计一种生活方式，一种境界、一种品位，这种生活方式是带有地域性、民族性的。在设计时应充分考虑风俗习惯、民族传统、地域特色、宗教习俗以及人们审美观念、审美价值等的差异。

2. 新中式风格室内设计中的软装饰类别

（1）布艺。新中式风格的布艺产品从图案上来看，以中国传统纹样为主，结合现代表现技法。布艺在其选择色系上要与室内颜色相统一，即要求沙发、窗帘、地毯、纺织品等花色色调都要相近且风格也要统一。新中式室内的装饰可以采用是自然植物图案或龙凤设计的吉祥图案，沙发和靠垫可以采用亚麻色的天然色系布料或精美的绸缎布料制作，或运用带有淡淡山水图案的壁纸，有了它们的装饰更显得空间有一股清新优雅之气。如图 3-30 所示，这款新中式风格的抱枕图案即是采用中国传统的青花瓷纹样。从材质上来看，以朴素自然的棉麻和柔软轻薄的丝绸为主，棉麻是中国历史文化的沉淀，是复古与时尚的碰撞，体现着一种自由旷达的“布衣精神”，是中国人稳重内敛的气质体现。

中国传统装饰的图案多为飞禽走兽、花草树木，含有吉祥祝福之意，是千年文化的一种传承。带有花鸟图案的刺绣织物，装饰于沙发、台窗等的位置，给人带来传统文化的韵味和生机。在沙发上，我们可以选择颜色与沙发差别较大的布靠枕，通过靠枕吸引人们的视觉焦点，这种方法也可以灵活地运用在被套与枕套颜色的搭配上。

图 3-30　青花瓷纹样靠枕

（2）家具。新中式家具继承了明清家具设计理念，在原有的基础上进行简化、创新，注入新的时代气息，注重品质感和现代感。明清家具质地朴素、工艺精湛，以简洁流畅的线条来展现浑厚的文化底蕴，以对称均等的框架为整体结构。从结构上来看，新中式家具常用中国传统建筑中的榫卯结构，凸出来的榫头和凹进去的卯眼相互咬合，便能将木质材料结合在一起。

新中式风格中最常见的表现形式就是古题今材，在室内硬装方面的表现，会体现出自然材质与现代材质相结合打造传统的造型，如运用常见的木质、藤条等材质与塑料、玻璃、金属和不锈钢等的结合构建新型传统题材造型，这些设计都会产生强烈的对比和视觉冲击力。从造型上来看，新中式家具以对称、均衡的原则为基础，沿袭了明清家具的造型特征，如当今时代的新中式风格的椅子，大多根据明清时期的太师椅、圈椅、官帽椅等，稍作改良而来（见图 3–31）。从材质上来看，多以实木家具为主，或是将实木与现代材料相结合，既能体现中式家具的沉稳端庄，又能紧跟时代步伐，注入鲜活的力量。

（3）陈设品。利用陈设品装饰室内空间是室内设计中必不可少的环节，通常家居陈设设计中会选择一些绘画、书法等纯艺术品做装饰，也有人将瓷器、漆器、剪纸等中国传统工艺品作为装饰，它们具有很高的欣赏价值和文化价值，具有营建室内空间的文化氛围的效果。以新中式为主体装饰风格的居住空间中，可能会摆放着来自其他各国的具有不同风格特色的装饰性陈设品，但是空间的主体装饰物选择具有浓重中国韵味的装饰物，如中国画、瓷器等传统装饰品（见图 3–32），或者是由这些传统装饰物演化而来的新中式陈设品，这类陈设品的数量不多，但在家居室内空间中却是不可缺少的部分。

（4）灯具。新中式灯具从中国传统文化中汲取灵感，在造型上符合中国人对“中和”之美的追求，显得温文尔雅。新中式灯具由各种材料组成，例如传统的实木、竹子、陶瓷、翡翠、大理石、天然玉、绢纱、棉麻等，其效果一般体现在光感、形状、视觉、质感四个方面，并且使用新工艺对其进行各种设计，使传统材料发挥出新的特色。还有一些新材料的应用，如亚克力、不锈钢、仿羊皮纸等，新材料透光度好，光线柔和，别具一格。材质符号在灯具的使用过程中积淀了丰富的文化内涵，比如竹子通常传达了一种东方古典、儒雅的含义（见图 3–33），而陶瓷材质则表现一种民族文化的韵味。

（5）绿化。历来中国人把美学建立在“意境”的基础之上，室内绿化讲究诗情画意，借助植物的精神面貌来表现内涵的深远。中式的室内布置历来深受文人画的影响，以“一卷代山，一勺代水”，力求在有限的空间里表现更为深邃的意境。例如“花中四君子”中的兰花，代表着淡雅、幽静，是中国自古以来常见的植物，将其摆放在室内，不仅可以净化空气，还能缓解人们工作和生活上的压力，陶冶情操。选择的植物大小受空间比例尺度的制约，植物的大小、色彩必须与家具及硬装饰相

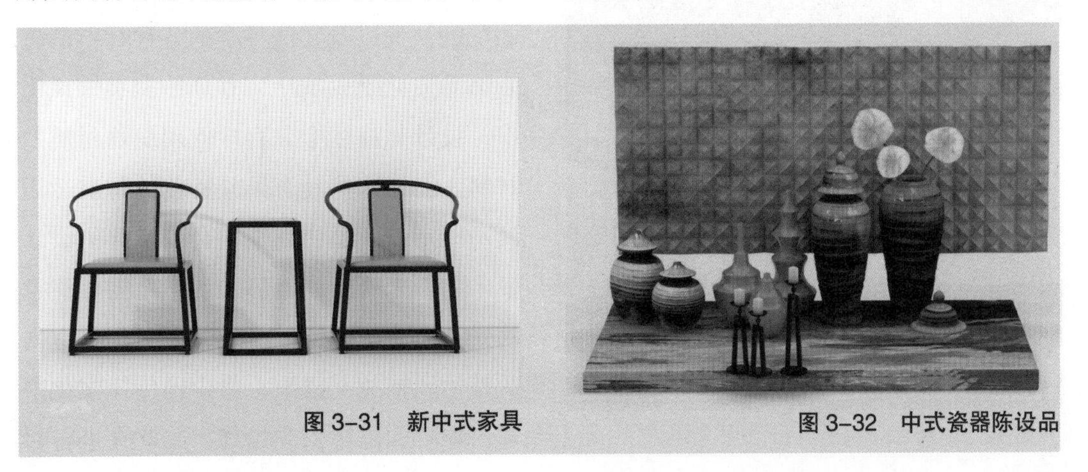

图 3–31　新中式家具

图 3–32　中式瓷器陈设品

协调，以形成良好的比例关系，达到绿化与人的关系和谐一致（见图 3–34）。

3. 新中式风格与软装饰融合的表现形式

（1）色彩上的表现。在软装饰的过程中也离不开各种颜色的衬托，对于任何一样软装饰而言，色彩之间的相互搭配是基本原则。颜色的种类将直接影响到室内设计中整个氛围的塑造，因此在软装饰的利用过程中必须遵循一切色彩都要以家居的整体风格为主的相关原则。并且要通过色彩的调配，来使室内的美感得以体现的同时又兼具明亮、舒适的特性。

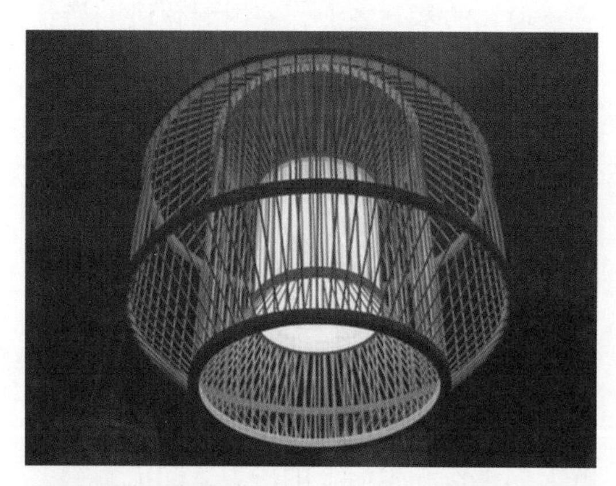

图 3–33　竹质灯具

图 3–34　绿植

因此，在进行软装饰设计的过程中必须首先确定整个的装修风格，接着再根据装修风格来进行相应装饰品的选择。在室内设计中，色彩是一项十分灵动且活跃的因素，观赏者对于一个空间的第一印象往往也是由色彩提供的。因此，在确定软装饰色彩的过程中必须充分结合整个的装饰风格、空间用途等因素。而在新中式室内设计中，常常采用的颜色搭配有黑白灰的形式或者是红黄蓝绿的形式。具体而言，在窗帘的颜色选择上可以不拘一格，而在卧室色调的选择上则应该以宁静致远为主。随着人们审美情趣的不断提升，混搭也是目前常常运用到的一种设计手段，将各种新潮的颜色与传统的颜色相互搭配，往往能够获得一个不错的设计效果（见图 3–35）。

（2）材质上的表现。软装饰中的材质方面是体现出软装饰运用的是否成功的标志，材质的好坏以及效果的差别通常是体现出美感的重要一环，因此在软装饰的相关选择上要注重对其材质的挑选。例如，可以在室内采用丝绸的窗帘、织锦的桌布、毛绒的沙发以及其他种类的各种材料的软装饰品（见图 3–36）。在新中式装饰风格中，设计师往往十分喜欢使用织物材质的材料。而将这些具有民族特色的材质运用到一些定制产品中则往往会给最终的设计带来前所未有的风格体验。但是需要注意的是，不管使用何种材质，都必须与室内的整体风格相互搭配，将中国传统文化中和谐融合的思想贯穿始终，因此在进行材料选择的时候应该进行综合性考虑，让中式风格的魅力得以全面释放。

（3）陈设品的选择。陈设品在室内设计中起到的作用不容忽视。一般情况下，陈设品被分为观赏性陈设品和实用性陈设品两类。观赏性摆设品往往能够让观者眼前一亮，提升整个设计空间的艺术品位。而实用性陈设品则承担着相应的实际功能。在新中式室内设计中，陈设品的选择必须与整体风格相互呼应，例如一些具有中国印记的屏风（见图 3-37）、陶器、字画等都是极佳的选择。在一些十分具有现代感的室内设计中，增添中式元素的软装饰能够让新中式室内设计风格呼之欲出。

4. 新中式风格室内设计中软装饰的设置与配套

（1）主题氛围的统一。布艺、光影和硬装饰的组合已经确定了整个空间氛围的基调，装饰物和绿化的设置也必须符合

图 3-35　新中式风格色彩搭配

图 3-36　新中式沙发

图 3-37　新中式屏风

整体氛围或单独分割出来的空间氛围的基调。装饰物和绿化都是为了营造空间整体氛围而设置的，它们的选用很可能会影响到空间整体风格的统一，甚至破坏空间氛围，所以饰品的材质、色彩等基本元素要与空间整体氛围统一考虑，才能更好地实现新中式风格的延续。

（2）保持风格一致。布艺在现代室内空间装饰中占有较大的视觉空间，如窗帘和沙发的颜色在空间色彩中占有较大的比重。因此，布艺选取的风格不能脱离室内空间硬装饰的整体风格，否则会破坏空间的整体性，布艺的成套设置也是延续空间风格整体性的有效方法。

（3）文化内涵一致。在新中式风格室内设计中，装饰物除了其功能性和观赏性外，还承担着文化载体的责任。其中，文玩、字画等都具有丰富的文化元素，除了可以让空间增添中国文化的韵味外，还给不同空间的文化内涵确定了一个基调。在中国传统文化中，文人墨客给了植物独特的人格，在新中式风格的室内设计中，植物的选用除了要符合空间整体风格外，一些符合空间文化内涵的植物还可以给为空间的文化气息进行一定的补充和呼应（见图 3–38、图 3–39）。

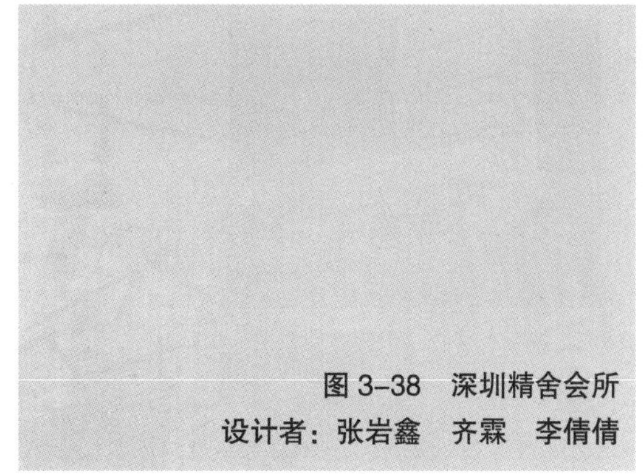

图 3-38　深圳精舍会所
设计者：张岩鑫　齐霖　李倩倩

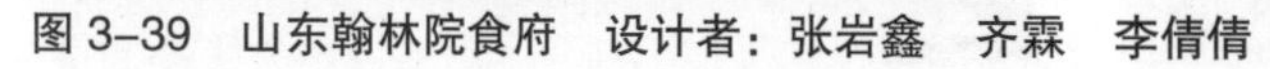
图 3–39　山东翰林院食府　设计者：张岩鑫　齐霖　李倩倩

第四章　文化创意产业下的室内设计

INTERIOR DESIGN UNDER THE CULTURAL AND CREATIVE INDUSTRY

第一节　文化创意产业概述

一、文化创意产业的概念

所谓创意产业，就是指那些从个人的创造力、技能和天分中获取发展动力的企业，以及那些通过对知识产权的开发可创造潜在财富和就业机会的活动。文化创意产业兴起于1998年，是一种在经济全球化背景下产生的以创造力为核心的新兴产业，强调一种主体文化或文化因素依靠个人或团队通过技术、创意和产业化的方式开发、营销知识产权的行业。文化创意产业主要包括广播影视、动漫传媒、视觉艺术、环境艺术、服装设计、软件和计算机服务等方面的创意群体。现在的创意文化产业是注入新晋思维后的文化产业，不是普通单一的劳动产生的结果，是经历了一系列思维相互碰撞出的火花，同时具有创造力和可持续性的艺术佳作。

二、当前文化创意产业下室内设计的现状

近年来，文化创意产业越来越受到社会的重视和关注，它成为经济结构调整和发展转型的重要途径和手段。创新俨然已经变成社会的核心竞争力，文化创意产业更是起到了推波助澜的作用，以它的独特表现形式，创造了具有地区特色或者别具一格的不同艺术派别的主题。艺术设计作为体现创意的手段在文化创意产业中具有极其重要的地位，但是目前还很少将艺术设计和文化创意产业两者紧密联系起来做分析研究。

文化创意产业本身就具有前瞻性和不稳定性，现在人们越来越聚焦于文化创意产业的发展状况，因此关于文化创意的表现形式也被重视起来。伴随着经济稳步增长、固定资产投资规模不断扩大、城镇化进程不断加快等，我国房地产、建筑行业蓬勃发展，建筑装饰行业也显现出了稳健的发展态势（见图4–1）。其中室内设计也成为了人们关注的焦点。这就使得与之相对应的室内设计需要运用更新颖出彩的思维方式去创造新空间。数字新媒体的迅

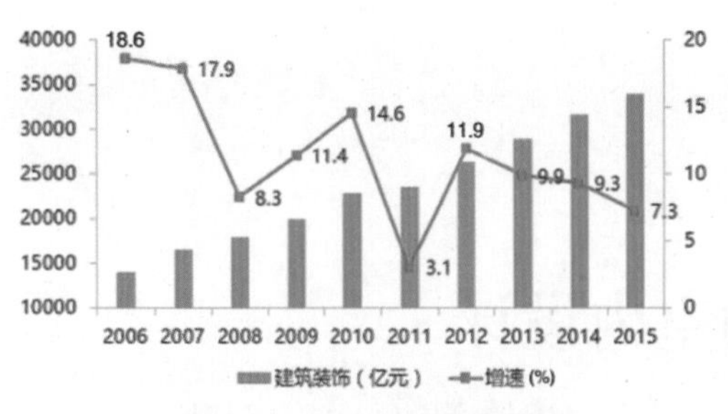

图 4–1　行业发展态势稳健

猛发展，各种技术与领域融合，各种各样的传播方式，都反映出创意室内设计的发展是具有巨大潜力的，是有待于技术或是思维的更新交替的。

迅速崛起的文化创意产业下室内设计的宗旨是安全、环保、舒适、信息化的。因此，在数字新媒体的时代，室内设计要想乘胜追击，就需要把握时代脉搏，利用多媒体交互的形式对室内设计进行艺术创新。各种技术与领域融合，各种各样的传播方式和思维的更新交替，都使得创意室内设计的发展具有了潜力性。为满足人们的需要而创造能使人们物质和精神生活都舒适和丰富的室内环境，是文化创意产业下室内设计发展前进的一个重要切入点。

第二节　室内设计创新的具体体现

一、室内设计的科技创新

1. 数字化技术

数字化时代改变了传统设计的形式，视觉表达形式可看作沟通设计方案的最基本方法之一。虚拟现实技术通过感官模拟表现交互设计的理念，这种创意带来了新的视觉形式，将虚拟世界变得触手可及。用户可以根据自己的需求，结合计算机提供的虚拟环境模型库，创建一个属于自己的居住空间，并通过肢体语言感知虚拟环境中的任何物体，最终完成人与空间的交互行为（见图 4–2）。整个过程实现了操作的便利化，使用的可视化、趣味化。

设计师可以营造一个虚拟空间，模拟一场家庭聚会，让用户在虚拟与现实当中来回穿梭。用户是客人的角色，把房主设计成虚拟人物。在继承传统真人的亲切热情，沟通顺畅等特点的同时，它结合了数字化信息数据库的搜索功能，所以虚拟房主的作用变得更加高效，并能及时准确地反馈信息。从进入空间开始，通过用户和虚拟房主之间语言和动作实现交互设计，满足了用户的交流互动体验，为用户与空间创建了互动平台，使整个空间更具吸引力。

2. 参数化设计

在日新月异的新技术支持下，建筑及室内外空间将会超越现代建筑的一般面貌，空间形态将不再是横平竖直的传统样式，也可以是一种不规则的、多变的形态，由此对室内设计提出了新的要求。即便在现代建筑仍占主流地位的状况下，依托原有的本体，参数化设计也能给室内设计带来新的面貌。

每个建筑内部都可视为一个系统，由不同功能单元组成，每个单元之间具备某种关系从而共同组成整体。这种系统本身就可用参数化软件进行模拟，例如局部空间的功能设定、位置分布、面积；以及多

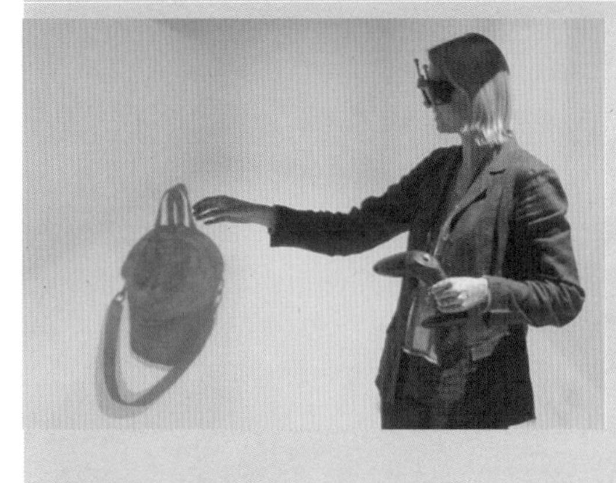

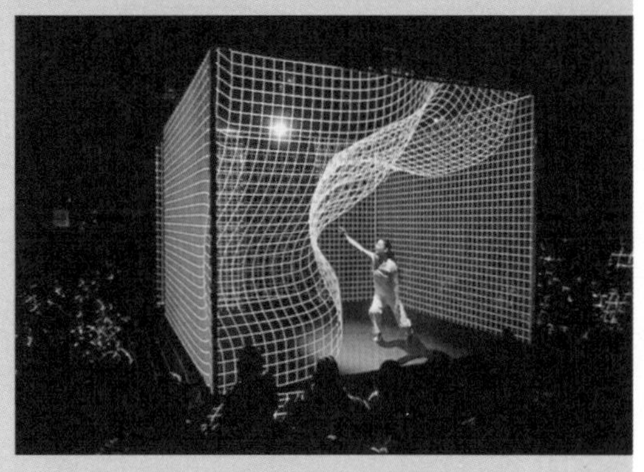

图 4-2　虚拟环境下的交互行为

个空间之间的通道的尺度、路线的设置等，这些属性和关系都可作为参数设定到参数化系统中，我们可以改变参数而得出不同的结果，通过对参数的不断优化从而能得到最佳方案。

近年来，随着参数化设计在建筑设计领域的应用，带来一种建筑设计与室内设计有效衔接的新方式，无论从功能上还是形式风格上，二者可以在设计时作为整体来考虑且相辅相成。建筑大师扎哈·哈迪德设计的广州歌剧院即是代表之一（见图 4-3），整体建筑由不规则的多边形构成，复杂的形态提供了形态丰富的内部空间，建筑构件的形态亦处理为相同的形式风格，具有流动感的形体与线条由外而内，并在空间中穿插，为人们带来耳目一新的体验。

二、室内设计的艺术创新

1. 空间结构的创新

室内设计具有灵活多变的特性，依托于科技进步的新型装修部件化结构，可随迁徙而拆卸转移，减少现场作业工时，大大缩短装修时间，使装修过程逐步实现绿色化。日本提出的“集中式服务空间”概念，在“百年住宅体系”中采用新型构件和单元来组合室内空间；荷兰在“SAR 体系住宅”中采用可拆装的构件、隔墙、设备等装修部件、组合件，按模数设计、生产和组装，工业化制作的构件可以通用和灵活拆装。按照 SAR 理论，住宅的支撑体即骨架也称不变体，其间可容纳面宽和面积各不相同的套型单元，并在相邻单元之间的

图 4-3　广州歌剧院

骨架墙上适当位置预留洞口，作为彼此空间调剂的手段。填充体为隔墙、设备、装修、按模数设计的通用构件和部件，均可拆装（见图 4-4）。以上对结构构件的诸多创新型研究的目的是使室内空间能够自由分割，延长合理使用寿命，具有可持续发展的能力。

2. 装饰材料运用的创新

室内装饰材料是加强空间效果的一个重要元素，也是设计创新的突破口，若干新型材料和不同肌理材料的组合，对改善空间条件能起到不可估量的作用。这里所说的“好材料”并不一定是要贵的材料，而是适合室内设计需要的“新材料”。材料的创新，同样是满足室内装饰设计创新所不可缺少的重要组成部分，实际上，室内空间所展现给我们的就是各种装饰材料相互组合的结果，而这种组合就是要对装饰材料在室内设计中使用进行详细的分析。

因此对装饰材料的运用必须突破传统，打破常规，发展出一些新的创新形式，

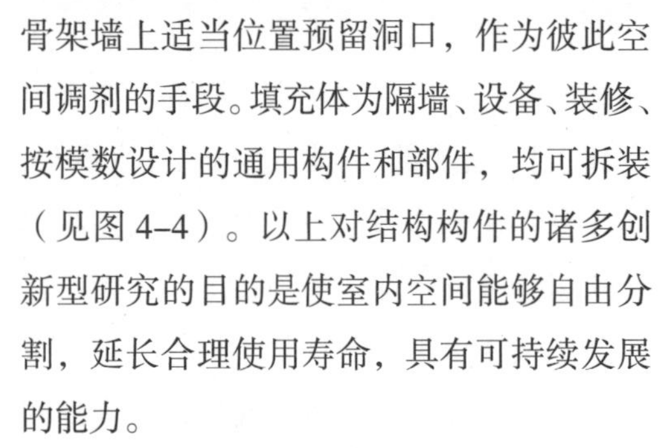

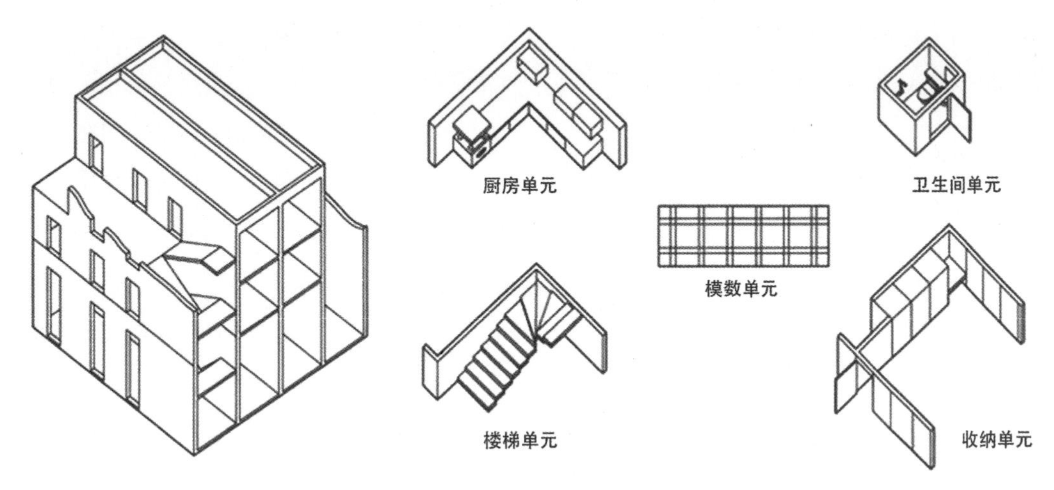

图 4-4　SAR 体系住宅的支撑体与可分单元

仿石、仿金属涂料的运用，使这类材料加工更加容易，扩大室内使用的范围，发挥最大的使用价值，使材料进入可持续发展的状态，为室内环境的创新提供了条件。在装饰中起很大作用的软装饰也是创新的突破口。轻柔淡雅的窗帘、可爱活泼的坐垫，这些都可以进行创新的设计，对于装饰中常用的木料和石料，可以运用夸张的手法，相对人们的习惯尺度可以故意夸大或缩小或者进行歪曲性趣味夸张等。材料在表达设计中的夸张效果时主要利用其质感和色彩的特性，如酒吧或游戏厅为了强调特定空间的氛围会将木材还原到原始状态，或者采用夸张色彩的规模比例等手法，反映酒吧还原自我的特定空间性质，也可运用最为熟悉的“缺陷美”手法，充分利用每一种材料的优点和缺点，既把美丽的纹理保留又将这些缺陷的疤痕利用在视觉的焦点上，就可以把它的美感得以充分发挥，这样不仅节省了材料，而且使材料有了更多的应用方式。我们还可以运用“功能错位”的方式对材料进行创新，虽然每一种材料都有其特定的功能，但是却并不是一成不变的，设计中可以根据实际情况进行错位的利用。

3. 色彩搭配的多元化

多年以来，在室内空间设计中人们都会选择柔和的色系为空间铺色，室内色彩选择以明快的色系为主。直到近些年，室内设计的色彩才开始尝试新的方向，由于人们对个性的追求，越来越多的人愿意尝试与众不同的搭配，比如，使用大胆的互补色搭配空间，蓝色和橙色搭配，给人一种青春跳跃的感觉。还有些人会选择在过去被人敬而远之的黑色，作为室内空间的主色调，它不会给人热情优雅的感觉，但它会给人营造出一种特别的神秘感。我们不妨在色彩运用上进行大胆创新，打破过去的条条框框。室内设计中应该充分利用色彩的搭配与对比，反映出轻松、简洁、独特、浪漫、新奇的趣味性和深沉，使人感觉朴实得体又不缺创世纪性的超前意识，体现出色彩搭配别具一格，风华正茂的发展态势（见图 4-5~ 图 4-11）。

第三节　文化创意产业下室内设计的发展趋势

一、文化创意产业下室内设计发展存在的问题

纵观当前文化创意产业下室内设计的现状，还普遍存在着缺少具有民族文化特色与内涵的原创设计等诸多待解决的问题。目前室内设计从业人员中，高水平的设计师还是凤毛麟角，大多数设计师的专业技能和原创设计水平有待提升。根据《欧洲创意指数》的评估报告显示，美国的创意阶层指数（创意从业人员占整个从业人数的百分比）接近 30%，比利时、荷兰、芬兰的指数也都超过了 28%。相比之下，我国的文化创意产业从业人员远远低于这个标准线。

尽管近些年，各大高等院校向社会输送了不少相关的人才，但无论从数量还是质量上看都远远落后于当前的市场需求。对于高度推崇个体创造性的创意产业而言，创意人才具有举足轻重的意义，文化创意产业下室内设计的发展必须依靠文化创意人力资本的投入以及文化创意阶层的崛起，创意经济的每一个环节也离不开创意人。

室内设计从业者缺乏对本土文化元素的认识和进一步的建构。文化创意产业最重要的特征是社会发展的民族化、本土化倾向。我国一直缺少具有自身民族特色的室内设计。随着经济全球化与市场日趋的国际化，欧美国家室内设计的风格与样式

图 4-5　深圳市某酒店宴会厅　设计者：齐霖　张岩鑫

图 4–6 深圳市某酒店宴会厅 设计者：齐霖 张岩鑫

图 4–7 广州市某公寓餐厅 设计者：李倩倩

图 4–8 广州市某公寓卫生间 设计者：李倩倩

图 4–9 广州市某办公空间 设计者：李倩倩

对我国传统建筑艺术产生了巨大的冲击，导致盲目抄袭的现象层出不穷，造成这个现象的原因之一是我国室内设计从业人员对中国文化的理解停留于表面，设计观念落后，导致整体素质不高。

二、室内设计中人文关怀的发展趋势

建筑室内设计作为与室内空间相关的创意设计，其本质就是将工程技术与文化创意相结合的创造性工作。当今世界经济已经步入创新驱动阶段，文化创意产业正

图 4–10

图 4–11

成为一个国家和地区社会经济发展的重要引擎。随着工业化进程的不断加快，人们对自然环境越来越向往，对人工的构造越来越排斥。因此，这也给室内设计中人性关怀的设计指明了方向。即在将来的室内设计中，要充分体现出自然的情境，在感官上满足人们对环境的追求。室内设计环境也可以进行个性化设计，即根据使用者自身的要求，对某一具有特殊意义的环境进行设计，使室内充分体现出某一特定场景的氛围。比如前段时间大热的绿皮火车传统餐厅，经过改造之后，能够让人们联想到曾经在绿皮火车上度过的美好时光和儿时回忆，满足人们心理上的需求。

三、寻找室内设计产业突破口，紧跟社会发展的步伐

室内设计产业属于文化创意产业的一种，它具有高知识性、高融合性的特征，十分符合国家所倡导的产业政策。在今后，随着文化创意产业的进一步发展，室内设计产业市场竞争将会愈演愈烈。室内设计的发展不仅与政策紧密相连，更要受到市场的调控。为此，根据当前室内设计产业的发展状况，我国需要从发展现代文化创意艺术产业的角度出发，理性处理艺术化与商业化的关系，以促进室内设计产业获得新的突破。实质上，在社会经济高速发展的今天，我们已经进入了“快消费时代”，社会大众更愿意把艺术作品当成一种娱乐大餐，而不是堆砌的饕餮盛宴。但是更应强调的是，室内设计艺术家的首要和最基本的使命是创新和创造，室内设计创作可以商业化，但是设计理念绝对不可以偏离艺术性、实用性和经济性，而被商业化取代。只有理性处理好现代化设计与商业化的关系，并以此为突破口，才能更好地为用户打造一个健康、舒适的室内空间。

四、室内设计高技术、高智能化趋势

在现代建筑领域，设计不仅是一种艺术创作，更是一个涉及多专业，综合性极强的系统科学。建筑信息建模（BIM）技术作为新一代建筑数字信息化设计理念和方法，是建筑科学技术的革命产物。BIM是一种应用于工程设计建造管理的数据化方法和技术，通过综合参数化信息模型整合提交项目的各种信息。对室内设计而言，BIM技术可在项目策划、设计、施工以及运行维护的全生命周期过程中进行共享和传递；同时提供实时仿真模拟和分析，为开发、设计、施工及物管单位在正确决策、优化质量、高效管理、节约成本和降低风险方面发挥重要作用。基于协同设计理念的BIM技术将会被越来越多的室内设计企

业所运用（见图 4–12）。

五、“一带一路”提倡为室内设计行业“走出去”提供新机遇

“一带一路”贯穿整个欧亚大陆，东边连接亚太经济圈，西边进入欧洲经济圈。随着《推动共建丝绸之路经济带和 21 世纪海上丝绸之路的愿景与行动》的发布，亚洲基础设施投资银行的逐步设立，“一带一路”倡议逐步落实。而伴随着中国建筑业产能过剩的问题日趋严重，国内室内设计行业竞争日趋加剧，“走出去”被看成是室内设计企业发展的一大突破口，“一带一路”倡议的落实则为行业的发展提供了新的机遇。

图 4–12　建筑信息建模（BIM）技术

第五章　室内设计装饰材料、工艺做法及相关配套设计

INTERIOR DESIGN DECORATION MATERIALS, PROCESS AND RELATED DESIGN

第一节　装修材料与常规工艺

一、室内装修设计与材料

随着现代科学技术的快速发展与社会经济的繁荣，装饰材料的开发和生产获得了广阔的发展空间，新材料和新工艺不断涌现。材料作为界定空间、装饰空间的物质，不仅其实用内容得到了扩展，其视觉审美内容和文化内涵同样得到了扩展。现代室内设计除满足使用功能要求外，形式美的设计已不仅仅停留在造型与色彩上。材料表面质地的多样性与丰富性，给视觉带来的审美与社会心理影响，逐渐成为设计关注的焦点。室内由于使用功能不同，设计的风格和使用的材料就会有所不同。

1. 顶面

酒店大堂一般都追求华丽、气派、温馨的效果。天花吊顶中央部位常使用圆形的迭级吊灯或悬挂豪华水晶吊灯，目的是在追求柔和光感的同时又不失明亮效果。若空间超过复层或较高，天花顶上还要配卤素灯，以增加光照度。吊顶所用的材料也都是常见的轻钢龙骨纸面石膏板，面层刮大白刷乳胶漆。纸面石膏板属难燃材料，其面层可进行不同材料的施工，它的价格低，工艺简单，所以被广泛采用。特别是乳胶漆，能吸收一定的眩光和反射部分的光照，品质也很细腻、平整，与灯光配置合理时更显明亮、气派，但其由于内在质地的限制而无法弯曲，易碎损，怕潮湿，特别是接缝处理不慎会严重影响天花的平整度。所以，在选择复杂部位的使用材料时，可与其他材料如木材等配合使用，效果甚佳。而“塑铝板”，它不仅符合消防规范，还易弯曲，施工方便，能满足复杂的工艺要求，特别是经特殊处理过的面层漆，色泽多样、高雅，尽显低调奢华。

商业（写字楼）大楼追求气派庄重，如需要还可设计出极具个性的造型。常见的天花饰面层材料，有矿棉板、金属板条及玻璃材料和金属格栅等。室内顶棚的设计目的是为了遮挡“天花”上的各类隐蔽线管和设备，便于灯位的重新布置，保持

一定的室内净高度，降低造价或显示建筑风格与空间个性。如木材、塑铝板和金属材料又很容易加工制成各类复杂的造型，施工方便。经特殊处理过的面层漆，更是具有表现性。为满足功能需要，写字间一般常用吸音性很强的矿棉板。

客房的天花基本使用轻钢龙骨纸面石膏板或硅酸钙板、面层刷乳胶漆。也有房间的天花追求特殊效果，如：美国西部式、泰国式、日本式及乡村式等不同风格的室内使用原木材或木格造型，再配置些纯天然造型材料和颜色，效果别具一格。卫生间天花，最好用抗潮湿性能好且光洁的不锈钢、铝板材料或复合性的材料。

2. 墙面

墙身材料的使用种类繁多，根据不同功能的环境设计具体确定。酒店大堂的墙身和柱身使用石材。进口的，如西班牙米黄、大花白、大花绿、啡网纹及国产石材，感觉奢华气派。石材由于纹理很难对接，所以多选择分割与组合的设计手法，既避开对接石纹的困难，又使墙身形成构成，表现语言丰富多样。如木纹石、旧米黄石满墙铺贴，其所呈现的纹理秩序极具审美意味。

客房常见的是粘贴墙纸、织物面料或乳胶漆的表现利用。因为这样的室内空间以休息为主要目的，各墙界面与人的距离近，接触面多，在处理时应尽可能用柔和、触感好的材料。洗手间一般采用墙瓷砖或大理石，它们与精致的卫生洁具和五金配件呼应，能使洗手间超越单一的功能而给人以美的享受。会议室、会客室墙身的材料一般以木制、织物、涂料为主，再配以局部面板，同样能使墙身造型效果尽显高档。但选择墙体界质材料时一定要注意办公家什与墙身使用材料色彩的协调问题。也有设计师很善于使用防火胶板和塑铝板。这两种材料的主要优点是难燃性好，表层漆质高雅，只要使用合理是非常理想的材料，多用于高档的商场、办公室和防火要求高的场合。

3. 地面

地面材料一般用于高强度、高耐磨性、易保养和防水、防火等特殊的空间场合内。高档的花岗岩材料可用于大堂、电梯厅和步梯等人流集中使用地带。石材有印度红、美国白麻、蓝钻、巴西芝麻白及国产的许多品种。

较大场所的地面空间上，根据需要，中心部分也可设计拼花图案或整体进行图案处理。平面形式变化多种多样。宴会厅、客房及走道使用吸音、宁静的地毯较好。家庭卧室采用地板或地毯都合适，给人以贴近自然的感觉。厨房、洗手间要用地砖或石材。医院、候机厅、敞开式办公室等可用胶地板块铺设，脚感好，易擦洗，若保养合理，是理想的地面使用材料。

随着科技进步，现代装饰材料日新月异，产品的种类越来越多。设计师必须把握新材料的性能和潮流，才能设计出具有时代感的优秀作品（见图 5-1）。

二、常规的装修工艺

传统的材料有其传统的施工工艺。随着新材料的出现，又产生了新的工艺，同

时也赋予传统材料新的施工观念。特别是新型工具的产生，极大地提高了劳动效率和工艺质量。

轻钢龙骨纸面板吊顶工程，首先要根据图纸现场定位、放线、找水平面，再用冲击钻打孔固定膨胀螺栓与钢筋吊杆连接。另一头与主龙骨专用挂件连接，用螺扣调节水平面，再与副龙骨相接，龙骨间距不大于400mm×600mm，纸面石膏板（7mm厚以上）用自攻螺丝固定在轻钢龙骨上，板面的接缝平整严密，再用乳胶漆、107胶、纤维素等调制的腻子刮平，干透后用棉纱布条封贴，再刮大白，刷乳胶漆。轻钢龙骨石膏板双面隔墙常用75型龙骨，

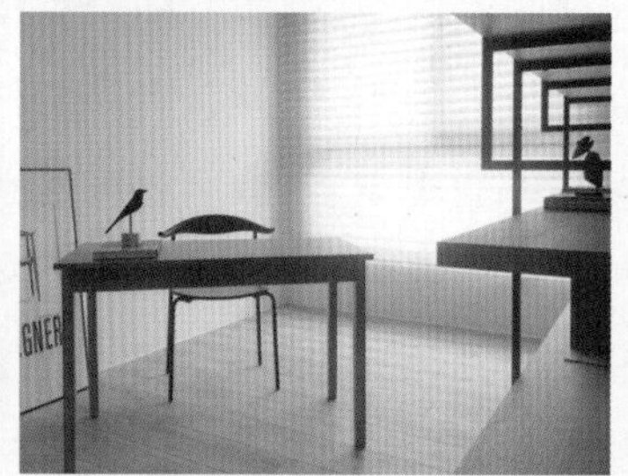

图5-1 台湾某高档住宅

上下与原建筑面固定，用膨胀螺栓焊接，用自攻螺丝钉把石膏板固定在龙骨上，先封一面后，内部填充材料并设各种线管，再封另一面，根据需要可刮大白、刷乳胶漆或贴布饰面等。

塑铝板天花和墙身先要根据设计要求和规格制作骨架（最好用金属），角钢骨架须先钻好固定孔，塑铝板要折边扣上，从折边侧用拉铆钉固定（两板间距可在10mm左右），再用专业复合型垫条垫度，外注硅胶。如不折边对封粘贴，须在龙骨上先作木底后再用胶粘贴，最好预留3mm缝。

防火胶板做饰面层，须做木底，粘贴胶板尽可能割块，留缝，以便水分蒸发，面层保持平整。防火胶板属硬脞型材料，无法折边和小弧度弯曲，收边口的工艺极为重要，是质量好坏的关键部位。

木龙骨饰面墙广泛用于各种场合的装饰工程，一般采用25mm×30mm木龙骨，拼接时要在长木方上按中心距300mm的尺寸开出深15mm、宽25mm的凹槽的方法拼接。拼口处用小圆钉和胶水固定，并与已在厚墙上打好的木楔用铁钉固定。安装好种种线管后，可封木胶或纸面石膏板。木龙骨须刷防火涂料。在固定好底层板后，可在其面上粘贴各类木饰面板或做其他工艺的施工。

地面石材在选用进口石材时，须做防护处理，特别是像美国白麻石，因其成分复杂，铺设前如不做好保护定会出现不平、泛黄等现象，所以，根据不同的选材一定要有针对性地处理，铺好后，一定要做好防护处理，才能保证石材应有的效果（见图5-2~图5-5）。

第二节 室内电气设计

一、照明设计的有关知识

1. 相关概念

（1）光通量。以人眼对光的感觉量为基准的单位。单位为流明。

（2）发光强度。即光通量的空间密度（单位立体角内的光通量数量）。单位为坎德拉。

（3）照度。被照面单位面积入射的光通量，它表示被照面上的光通量密度。单位为勒克斯。

（4）亮度。某物体的表面亮度为物体单位面积向视线方向发出的发光强度。单位为尼脱。

上述介绍的四个常用光度单位，它们表明物体不同的光学特性。光通量说明发光物体发出的光能数量；发光强度则是发光体在某方向发出的光通量密度，表示它的光能空间分布情况；照度表示

图5-2 养生保健会馆 设计者：齐霖 张岩鑫

图 5–3　商铺　设计者：齐霖　张岩鑫

图 5–4　深圳市某酒店走廊
设计者：齐霖　张岩鑫

图 5–5　深圳市某酒店客房艺术房
设计者：齐霖　张岩鑫

被照面接收的光通量密度，用来鉴定被照面的照明情况；亮度则表示发光体单位表面积上的发光强度，它表示一个物体的明亮程度。

（5）眩光。所谓眩光，是泛指视野中有极高的亮度或强亮度对比时，所引起的观看物体的不舒适感或视力减低的视觉条件。眩光分直射眩光和反射眩光两种，所谓直射眩光是在观察方向上或附近存在明亮发光体所引起的眩光。反射眩光是光源在观察方向或邻近形成的镜面反射所产生的眩光。

照度和眩光是衡量照明质量好坏的两个重要指标（见图 5–6、图 5–7）。

2. 电气照明设计要素

（1）有利于人的活动安全、舒适和正确识别周围环境，防止人与光环境之间失去协调性。

（2）重视空间的清晰度，消除不必要的阴影，控制光热和紫外线辐射对人和物产生的不利影响。

（3）创造适宜的亮度分布和照度水平，限制眩光，减少烦躁和不安。

图 5–6　酒店会议中心

图 5–7　赎罪堂室内照明

图 5–9　局部照明

（4）处理好光源色温与显色性的关系和一般显色指数与特殊显色指数的色差关系，避免产生心理上的不平衡、不和谐感。

（5）有效利用天然光，合理地选择照明方式和控制区域，降低电能消耗指标。

3. 照明方式和种类

（1）照明方式。照明方式可分为一般照明、分区一般照明、局部照明和混合照明（见图 5–8~ 图 5–10）。当仅需要提高房间内某些特定工作区的亮度时，宜采用分区一般照明。在下列情况中宜采用局部照明。

A. 局部需要有较高的照度；B. 由于遮挡而使一般照明射不到的某些范围；C. 视觉功能降低的人需要有较高的照度；D. 需要减少工作区的反射眩光；E. 为加强某方向光照以增强质感时。

当一般照明或分区一般照明不能满足

图 5–8　一般照明　设计者：李倩倩

图 5–10　混合照明

要求时，可采用混合照明。

（2）照明种类。照明种类可分为正常照明、应急照明、值班照明、警卫照明、景观照明和障碍标志灯。

应急照明包括备用照明（供继续和暂继续工作的照明）、疏散照明和安全照明。

值班照明，宜利用正常照明中能单独控制的一部分或备用照明的一部分或全部。

备用照明，宜装设在墙面或顶棚部位。

疏散照明，宜设在疏散出口的顶部或疏散走道及其转角处距地 1m 以下的墙面上。走道上的疏散标志灯间距不宜大于 20m。

4. 照明设计要点与艺术照明、建筑化照明

根据照明场所情况，照明设计分为两种：一是明视照明，如办公室、学校等；另一个为气氛照明，如饭店、宴会厅、旅馆、门厅等处的照明。

（1）工作面明视照明设计要点。①工作面上要有充分的亮度；②照度应当均匀；③不应有眩光，要尽量减少或消除眩光；④阴影要适当；⑤光源的光谱分布要好，显色要好；⑥出色的构思；⑦要考虑照明心理效果；⑧照明方案应当经济。

（2）环境气氛照明设计要点。①亮或暗要根据需要进行设计，有时需要用暗光线造成气氛；②照度要有差别，不可均一，变化的照明可给人造成不同的感受；③可以应用金属、玻璃或其他光泽的物体，以小面积眩光营造独特魅力；④需将阴影夸大，从而起到强调突出的作用；⑤宜用特殊颜色的光作为色彩照明，或用夸张手法进行色彩调节；⑥可采用特殊的装饰照明手段（灯具设施）；⑦有时与明视照明要求相反，却能获得好的气氛效果；⑧从全局看是经济的，从局部看可能是不经济的或过分豪华的。

（3）艺术照明、建筑化照明和普通照明。艺术照明及建筑化照明与普通照明相比，无论在对建筑物本身的要求，还是对灯具的选用、安装配置等因素上都有所不同。在照明设计中把灯具的功能和装饰密切配合起来，把建筑的艺术性与灯具的艺术性协调起来，以构成一定的风格和增强照明效果。通常，把灯具和建筑物天棚、梁等统一考虑，使之一体化的照明，称为建筑化照明。建筑化照明倾向以装饰为主的属于艺术照明，以功能为主的属于一般照明。

二、建筑电气消防安全

1. 消防电源及配电

（1）消防设备的用电要用备用电源或备用动力，根据其负荷等级，消防用电也可按一、二、三级负荷供电，其电源要求应符合《民用建筑电气设计规范》（JGJ/T-16-92）中的有关规定。

（2）消防用电设备：一般包括消防水泵、消防电梯、防烟排烟设备、火灾自动报警、自动灭火装置、火灾事故照明、疏散指示标志和电动的防火门、卷帘、阀门及消防控制室的各种控制装置等用电设备。

（3）按一级负荷供电的建筑物，当供电不能满足要求时，应安装自备发电设备。

（4）火灾事故照明和疏散指示标志可采用蓄电池做备用电源，但是连续供电时间不应少于20min。

（5）消防用电设备应采用单独的供电回路，并当发生火灾切断生产、生活用电时，应仍能保证消防用电，其配电设备应有明显标志。

（6）消防用电设备的配电线路应穿管保护。当暗敷时应敷设在非燃烧体结构内，其保护层厚度不应小于3cm，明敷时必须穿金属管，并采取防火保护措施。采用绝缘和护套为非延燃性材料的电缆时，可不采取穿金属管保护，但应敷设在电缆井沟内。

（7）电力电缆不应和输送甲、乙、丙类液体管道、可燃气体管道、热力管道敷设在同一管沟内。配电线路不得穿越风管内腔或敷设在风管外壁上，穿金属管保护的配电线路可紧贴风管外壁敷设。

（8）门顶内有可燃物时，其配电线路应采取穿金属管保护。

2. 灯具、火灾事故照明和疏散指示标志

（1）照明器表面的高温部位靠近可燃物时，应采取隔热、散热等防火保护措施。卤钨灯和额定功率为100W及100W以上的白炽灯的吸顶灯、槽灯、嵌入式灯的引入线应采用瓷管、石棉、玻璃丝等非燃烧材料作隔热保护。

（2）超过60W的白炽灯、卤钨灯、荧光高压汞灯（包括镇流器）等不应直接安装在可燃装修或可燃构件上。可燃物品库房不应设置卤钨灯等高温照明器。

（3）公共建筑和乙、丙类高层厂房的下面部位，应设火灾事故照明：

①封闭楼梯间，防烟楼梯间及前室、消防电梯前室。

②消防控制室，自动发电机房，消防水泵房。

③观众厅，每层面积超过1500m^{2}的展览厅、营业厅，建筑面积超200m^{2}的演播室，人员密集且建筑面积超过300m^{2}的地下室。

④按规定应设封闭楼梯间或防烟楼梯间建筑的疏散走道。

⑤封闭楼梯间，设有能遮挡烟气的双向弹簧门的楼梯间，高层工业建筑的封闭楼梯间的门应为乙级防火门。

防烟楼梯间在楼梯间入口处设有前室（面积不小于6m^2，并设有防排烟设施）或设专供排烟用的阳台、凹廊等，且通过前室和楼梯间的门均为乙级防火门的楼梯间。

（4）疏散用的事故照明，其最低照度不应低于0.51x，消防控制室、消防水泵房、自备发电机房的照明支线应接在消防配电线路上。

（5）影剧院、体育馆、多功能礼堂、医院的病房等，其疏散走道和疏散门均宜设置疏散指示标志。

（6）事故照明灯宜设在墙面或顶棚上。疏散指示标志宜放在天顶的顶部或疏散走道及其转角处距地面高度1m以下的墙面上，走道上的指示标志间距不宜大于20m。事故照明灯和疏散指示标志应设置玻璃或其他非燃烧材料制作的保护罩。

第三节　装修的防火规范、设计与构建

一、装修防火设计概述

建筑工程内部装修设计是指导装修施工的最重要条件。建筑内部装修设计中，应重视《建筑内部装修设计防火规范》的执行，贯彻“预防为主，消防结合”的方针。在选定装修材料时，应体现安全、适用、技术先进、经济合理的原则。

室内装修一般分为地面、棚面、墙面及室内家具、饰物等内容。设计时为追求装修效果、控制投资而大量使用可燃装修材料和燃烧时产生大量浓烟或毒气的材料，因未采取相应措施，导致了一场场悲剧的发生。要控制和杜绝这些惨剧的发生，就需要严格执行消防规范，任何时候、任何条件下都不能掉以轻心。在室内装修设计时，由于建筑或原有建筑物条件的限制，由于投资的原因，也可能由于其他因素的制约很难完整地、全面地体现防火规范的精神（见图 5-11~ 图 5-13），这主要体现在以下几点。

（1）在装修设计中装饰效果和使用安全总是相互矛盾，人们常重视前者而忽视后者。

（2）在装饰设计时，投资控制与使用安全也总是产生矛盾。

图 5-11　地铁通道

图 5-12　商场内部

图 5-13　舞蹈瑜伽室

（3）不重视消防规范的执行，缺乏各种专业防火知识。

在建筑的使用过程中，引起火灾的原因主要有：

①人们思想麻痹；②缺乏专业防火知识。

在设计措施上，常常忽视了火灾中人们紧张的心理状态。因此在设计上应采取一些必要的措施缓解人们的紧张情绪。这些执行防火规范的做法，客观上减少了人们的情绪压力，保证了发生火灾时及时得到扑救。

至于人的因素则是体现在：

①设计阶段中，专业人员规范的执行力度；②在实施阶段中，保证材料的防火等级；③在使用过程中，提高使用人员的专业防火知识。

建筑设计防火规范从总体上为装修防火设计创造了有利条件。建筑平面防火区域的划分，建筑防火构造设计时主要包括有：①防火墙；②电梯井及管道井；③防火门及防火卷帘门；④疏散梯；⑤节点防火措施，等等。

这些防火构造的设计，使建筑物防火功能得到了改善，属于建筑防火规范执行的范畴。建筑物室内装修防火设计则是在此建筑防火设计基础上进行的，它所研究的主要内容包括装修材料燃烧性能等级、室内装修的一般规定等内容。

在进行建筑设计实现建筑功能时，建筑设计为室内装饰防火设计增加了困难。建筑防火设计所设置的疏散标志、消火栓等需要处于显要的位置，应与周围装饰材料有明显的差异。室内装饰防火设计则恰恰相反，强调整体的、统一的装饰效果，尽可能地将消防设施遮挡起来。

从防火规范的角度看，建筑设计也在另一方面为室内设计提供了便利条件。规范规定：建筑物中装有自动灭火系统，使其增加了建筑物的消防能力。因此，内部装修材料的燃烧性能等级可以在原规定的基础上降低一个等级。这将使装修设计人员拥有一个更广阔的创作空间。

建筑设计防火规范与建筑内部装修防火规范密不可分。在进行建筑设计创作时，建筑功能的满足总是作为首要问题来研究的，它体现人们进行建筑的初衷。在完善的建筑防火设计的条件下，建筑物室内装修防火设计时应做好如下工作。

（1）确定建筑物及场所的规模和性质，明确建筑场所具有的消防设施和条件。

（2）根据上条确定所需装修的部位，确定所选用的装修材料燃烧性能等级。

（3）执行防火规范的一般规定。

二、防火装饰材料简介及其选用

装修材料按其燃烧性质划分为不燃、难燃、可燃、易燃四个等级。这四个燃烧性能等级是分别通过下列试验标准来确定的。

（1）不燃装修材料（A级），应符合现行国家标准《建筑材料不燃烧性试验方法》的规定，在空气中受到火烧或高温作用时不起火、不微燃、不碳化。室内装修设计常采用的A级不燃材料有金属材料、天然或人工合成的无机矿物材料，具体主要有花岗岩、大理石、硅制品、石膏板、玻璃、钢铁、铝、铜等。

（2）难燃装修材料（B1级），应符合国家现行标准《建筑材料难燃性试验方法》的规定，即在空气中受到火烧或高温作用时难起火、难微燃、难碳化，火源移走后，燃烧或微燃立即停止的材料。这类难燃材料经常采用的有纸面石膏板、水泥刨花板、多彩涂料、PVC塑料地板、难燃胶合板、经防火处理后的木材等。

（3）可燃装修材料（B2级），应符合国家现行《建筑材料可燃性试验方法》的规定，即在空气中受到火烧或高温作用时立即起火或微燃，且火源移走后仍继续燃烧或微燃的材料。如各类天然木材、聚脂装饰板、中硬质PVC塑料地板复合壁纸，经阻燃处理的其他织物和聚乙烯、聚氨脂、玻璃钢、化纤织品等。

（4）易燃装修材料（B3级），可不进行检验。

以上所述的各类装修材料中B2级地面装修材料应符合现行的国家标准《铺地材料临界辐射通量的测定辐射热源法》的规定。装饰织物的试验方法须经《纺织织物阻燃性能测试垂直法》测定。塑料装饰材料，则须执行塑料燃烧性能试验方法的氧指数法、垂直燃烧法、水平燃烧法的规定。

三、防火设计与构造

建筑工程的消防设计已为室内装饰工程消防设计提供了必要的条件。室内装饰设计所选用的装饰材料是否符合防火规范，主要取决于设计人员对装饰材料性能的了解，取决于其自身的防火意识。

在具体设计过程中，了解必要的消防设计知识，采用必要的消防措施是非常重要的。在无窗房间的条件下，内部装修材料性能等级应提高一级；建筑内部的配电箱不应直接安装在低于B1级的装修材料上。完善的消防设施也可在装修材料防火性能等级的选用上有更大的余地。无论是新建工程还是原有建筑的装修，重点装修部位总是在大厅、营业厅、会议室等公共活动场所。这些部位人流大、引发火灾的机会多，所以一定要在设计阶段杜绝火灾隐患。这些部位地面装修材料的选用，除个别二类建筑可以选用B2级外，绝大部分要采用B1级装饰材料。一般情况下，墙面装饰选用B1级建筑装饰材料即可满足要求，但规模较大的一类建筑，如：大于1000m^{2}的候机楼、候车室等人流集中的公共建筑，则要求采用A级墙面装修材料。

进行室内装饰设计时，在装饰织物、固定家具、地面、墙面、棚面的装修中，棚面的防火等级要求是最高的，顶棚基本要求选用A级装修材料。从防火的角度讲，棚面的防火材料选用比墙面要严格得多，只有在一定规模以下的二类工程装修时才可选B1级棚面装饰材料。

自动灭火系统的选用，使各装修部位装修材料的选用在规范规定的基础上降低一个等级（顶棚除外），采用自动灭火系统时，防火分区也可按允许的面积增加一倍。防火卷帘门、防火门、防火窗、防火墙及挡烟垂壁的设置都是建筑物防火的构造措施，它能隔离和阻止火灾。

室内装修防火设计的成功与否，主要取决于是否解决了以下几个问题。

首先，建筑防火设施的作用是否得到充分发挥，是否满足了建筑功能对室内防火的要求；其次，建筑防火构造措施是否得当；最后，建筑装修材料选、取、用是否符合规范要求，有无提高其防火性能等级的方法和途径。

第四节 施工技术与管理

装饰工程的质量管理，就是为保证和提高工程质量所进行的组织、协调工作，以及拟定出管理细则，技术规范和检验标准并组织实施。其中组织工程实施，也就是施工阶段这一环节，是保证工程质量的重要环节。因此，下面就从施工管理流程的几个方面来说明施工技术与管理的问题。

一、施工准备

首先项目经理、技术员及工长要认真阅读设计施工图纸，对设计中的技术要求和预期效果要做到心中有数，其次依据设计分期有步骤地提出材料计划。材料到位入库后，应由材料员分类进行妥善保管。最后组织施工人员清理施工现场，检修施工工具，搭设脚手架，进行必要的准备工作。

二、材料加工

根据设计合理地利用原材料的规格进行放样下料，避免浪费，充分提高材料的利用率。

三、结构施工

结构是装饰工程的基础，因此必须确保结构的安全合理及符合设计效果的要求。结构部分，包括天花龙骨结构、墙面龙骨结构、各种室内造型结构和空调、排风、电气等管道和线路架设。如天花吊顶中，轻钢龙骨和面层的材质、品种、规格、颜色以及基层构造、固定方法应符合规范及设计要求。另外，龙骨安装位置要准确，吊筋要通直以保证其强度，连接件必须牢固无松动。装饰工程中施工工艺都有明确的验收标准，政府或各主管部门都有工程质量监督站。所以从结构施工开始，必须自觉接受监督站和甲方的检验评定。

四、隐蔽工程

结构结束后，应开始进行电气、排风、空调等隐蔽设施的安装。确保结构安全及防火安全。如电气施工中，首先是配管的品种、规格及连接方法，适用场所必须符合设计要求和施工规范。然后进行穿线。导线的品种、规格、质量必须符合有关规定。如隐蔽工程中的电气工程结束后，应按该项的评定标准进行评定。

五、饰面施工

隐蔽工程通过验收后，进入饰面施工环节，饰面施工质量决定着整个工程的观感效果。因此，饰面施工根据不同的材料，着重处理板材之间的接缝、阴阳角的对接、表面的平整以及不同材料的结合关系。包括油漆的调配与涂刷等。

饰面施工的保证项目，一是材料品种、规格色彩图案，必须符合设计要求和有关规定；二是安装必须牢固。无歪斜、缺棱掉角、裂缝等缺陷。如油漆这最后一道工序，在品种质量符合设计要求和有关标准的基础上，混油必须保证不脱皮和不出现斑痕。如有底层涂料必须涂刷平整、均匀，清漆严禁漏刷。保证无划痕、无皱、无毛刺。

六、配套设施

诸如家具、灯具、窗饰、卫生洁具、陈设品以及五金配件等都属于配套设施。对五金配件的基本要求为：首先安装位置准确，割角整齐，交圈接缝严密，出墙尺寸一致。另外，还要求结实牢固，横平竖直美观。

七、竣工验收

饰面工程和配套设施安装完毕之后，对工程留下的废料、垃圾进行全面清理打扫，并准备必要的竣工验收资料。通知甲方和工程质量监督部门对工程进行综合评定。通过后，方可交付甲方投入使用（见图 5–14）。

总之，装饰工程施工流程中，每一环节、每一道工序都决定着工程质量的成败优劣。因此必须加强施工现场管理，对施工技术问题加以监督、检验和协调，以充分保证装饰施工的有序进行。

图 5–14　深圳市某住宅空间设计

第六章　居住空间设计

DESIGN OF LIVING SPACE

第一节　居住空间设计的原则

一、生态环保，绿色节能

室内的生态环境包括自然生态和人工生态。生态设计，也称为绿色设计，是基于可持续发展的观点，根据室内具体环境条件，利用各项节能技术最大程度减少对环境的破坏，并创造出健康舒适的居住环境的设计艺术。

节约化成了当今建筑发展的主题元素，主要包括以下几个方面：节约建筑创造能源、节约建筑施工能源、节约运行和维护能源、节约拆除建筑的能源等。节约化设计就是按照简洁和实用的方式进行设计，减少无谓的材料和能源的消耗，同时要减少有害物质的排放。尽量使用绿色自然、生态环保的资源，确保室内自然用光和通风的效果良好，使居住环境安全舒适（见图 6–1）。

二、以人为本，实用舒适

当代的居住空间设计要遵循“以人为本、科学与艺术结合”的原则，住宅的实用是以使用功能为基础的。实用不仅仅是需要有使用功能，而且更加注重人在住宅空间内的生活质量与对住宅空间的使用效率。而住宅使用的舒适与否是与室内设计的许多因素联系在一起的，它与实用是相辅相成的。最重要的是要考虑住宅功能、布局及设施、设备的使用是否符合人体工程学，并且符合生态和智能化标准等因素（见图 6–2）。所以设计师必须衡量当地的气候、地理环境、人文特点、宗教信仰和民俗等外在因素；家庭成员的生活爱好、生活方式、生活习惯、工作性质和职业特点等，还有家庭的经济水平和消费意向的

图 6–1　绿色生态型室内空间

分配情况等因素。

三、功能合理，形式美观

空间布局，功能为先。居住空间设计开始由单一的实用功能向多元的审美功能转化。功能是满足使用者需求本质的要素，继而产生对空间形式美的追求。体现在功能上的是：空间布局、家具的功能类型、合适的空间与尺度、空间的通透性与私密性、足够的灵活性和适应性、室内的适当照明、陈设设计以及电气的配套。体现在形式美上的有：空间与功能上的合适尺度、视觉要素的多样统一、三维组合（对称与平衡、调和与对比、节奏与韵律）等均反映在室内的视觉形象设计中（见图 6–3、图 6–4）。

四、使用安全，防范隐患

在生活中，许多常见的住宅环境都存在着各种对人们使用行为产生危害的不安全因素。为了保障人们正常的生活行为不会受到影响，在室内设计和装修施工过程中，应针对容易出现安全的问题采取有效的防范措施，而合理的室内布局和住宅设

图 6–2　合理尺度的家具布置　设计者：齐霖　张岩鑫

图 6–3　使用功能与审美功能相结合

图 6–4　功能分区合理

施也可以保证人们的使用安全。实际上在居住空间里应用智能化设计便能有效地解决相关安全问题，例如可以安装居室用电、用水防护、火灾防护、燃气安全防护、防盗防护等多种安全系统。

第二节　居住各功能空间的设计要点

一、玄关

玄关指的是房门入口的一个区域，也是进入住宅室内的咽喉地带和缓冲区域，是住宅的过渡空间，因此在室内设计中有不可忽视的地位和作用。玄关是设计师整体设计思想的浓缩，它在室内装饰中起到画龙点睛的效果；玄关也是进入客厅的回旋地带，可以有效地分隔室外与室内，使视线有所遮掩，更好地保护室内的隐私性；还可以使室外进入者有个调整的区域，同时吸引人进入下一个空间。

1. 造型形式

玄关在一进门的位置体现了整个家的品位，因此玄关在设计的时候一定要和整体家装风格保持一致和协调，力求简洁、大方，可采用含蓄、若隔若透的处理方式，用心地进行装饰，使玄关具备识别性强的独特面貌，以体现住宅使用者的个性与品位。玄关的造型主要有以下几种形式。

（1）玻璃半透明式（见图6–5），运用有肌理效果的玻璃作为装饰，起到分割大空间的同时又能保持大空间的完整性的作用。

（2）自然材料隔断式（见图6–6），运用竹子、石材、藤蔓等自然材料来隔断空间的形式，使空间看上去自然、和谐。

（3）半柜半架式（见图6–7），柜架的形式采用上部为通透格架作装饰，下部

图6–5　玻璃半透明式

图6–6　自然材料隔断式

为柜体；或以左右对称形式设置柜件，中部通透等形式；或用不规则手段，虚、实、散互相融和，以镜面、挑空和贯通等多种艺术形式进行综合设计，以达到美化与实用并举的目的。

（4）格栅围屏式（见图 6–8），以带有不同花格图案的透空木格栅屏作隔断，既有古朴雅致的风韵，又能产生通透与隐隔的互补作用。

（5）古典风格式（见图 6–9），运用中式或西式古典风格中的装饰元素来打造空间，如屏风、瓷器、挂画、柱式、玄关台等。

2. 功能体现

玄关主要是满足更衣、换鞋、存放鞋帽、手提袋与雨伞等空间需求的区域。同时，它还具有装饰性。玄关属于辅助空间，在设计时要尽可能压缩面积，在有限空间里，注重人性化设计，即满足人们换鞋与更衣的基本活动尺度需求，合理布置衣帽柜与鞋柜、储物柜与鞋架。对于玄关与室内，应具有一定的空间迂回，确保空间具有一定的私密性；对于玄关人性化设计，必须考虑到鞋架的高度与换鞋方便性，可在玄关设置扶手。

图 6–7　半柜半架式

图 6–8　格栅围屏式

图 6–9　古典风格式

二、客厅

客厅的主要功能是家庭成员接待来访的客人、消遣娱乐和情感交流的空间环境，也是一个家庭的“门面”，体现着家庭的“物质”，属于“动态”的空间行为区域，反映着家庭对物质和审美情趣的追求等。客厅设计一方面要紧扣它在家庭的公共性质，以提高使用功能为基本出发点，另一方面也反映家庭的精神和文化面貌，突出个性。

1. 展示中心区

为了展示居住环境的文化内涵和审美层次，客厅内可以适宜地设置艺术品展示区域，其目的主要是烘托空间氛围。设计师在进行设计时要结合藏品的特点、客厅的墙体位置，合理有效地对空间做装饰布置（见图 6–10）。

2. 家庭聚谈区

客厅设计的重点在于谈话区域的确定及相关家具的配置，并要求具有一定的使用面积与空间。客厅的沙发一定要舒适，家具摆放要合理，客厅沙发或座椅的围合方式一般有单边形、L 形和 U 形，所以设计时要充分考虑环境空间的弹性利用，充分考虑人们流动的路线和各功能区域的联系特点选择和摆放家具；照明要适度，柔和细致的照明有助于营造亲密和谐的氛围，而强光照明则令人精神振奋。再搭配其他摆设，如茶几、地毯、矮柜、靠枕等陈设品来装饰典雅空间，有助于烘托空间气氛（见图 6–11、图 6–12）。

3. 视听活动区

客厅作为视听活动中心也是视觉所注目的焦点。坐在视听区内听音乐、欣赏影视图像不仅可以获取最新的资讯信息，而且可以消除一天的疲劳。另外，在接待宾客时，也常需要利用有声或有形物掩盖可能出现的神色或态度上的短暂沉默与尴尬。视听活动区主要由电视柜、电视背景墙和电视视听组合等部分组成。而电视背景墙是客厅中最引人注目的一面墙，是客厅的视觉中心点。因此，可通过别致的材质，优美的造型来表现，在做设计时要充分考虑好人与电视机的界面，保持适当的距离和观看的舒适度（见图 6–13、图 6–14）。

4. 阅读休闲区

客厅一般的朝向都较好，与开敞的

图 6–10 带有艺术品展示区的客厅

图 6–11 客厅功能布局庄重、色调清新雅致

图 6–12　客厅灯光柔和舒适　设计者：齐霖　张岩鑫

图 6–13　具有视听功能的客厅　设计者：李倩倩

图 6–14　视听活动中心　设计者：李倩倩

阳台相连，自然采光效果好。空间舒适、安静，适合休闲阅读，在此可以配置相应舒适的扶手椅、脚凳、书架，在阳台处可安置休闲书吧或秋千等（见图 6–15、图 6–16）。

客厅的雅致风格奠定了整个设计的调

图 6-15　客厅的阅读休闲区

图 6-16　休闲与阅读功能相结合

图 6-17　卧室家具的选择　设计者：李倩倩

图 6-18　卧室空间多功能化

性，在古典中凝聚了后现代的美感，主墙面的展示空间不以传统对称的形式呈现，阳台外推的小空间，天花板特以横木排列，极具扩展视觉的效果。墙面与地板的浅调铺陈，与深色家具配合营造出的层次感，演绎空间的立体意象细致沉稳，不与主基调相违背。餐厅与客厅采用开放式空间，与厨房则以可透光的玻璃拉门间隔其中，不阻断视觉的延伸，风格也以简约的禅风味灌注。

三、卧室

卧室是住宅中最主要的行为功能空间，以睡眠行为为主，休息行为为辅。保持室内封闭和隔音是卧室最主要的特征，其次是对私密性和安全感的要求。在卧室设计中，除了要考虑性别因素，还应根据家庭成员的构成、年龄、个性、爱好等各个年龄段不同的特点来设计，让卧室环境随年龄同步变化。

1. 家具选择

根据卧室面积的大小及使用者的需求可配置双人床、单人床、圆床、床头柜、衣橱、衣帽间、梳妆台、电视柜等。选择床具时，一定要亲自试用选择，舒适度是关键，这样才能够真正地起到休息的作用；在选床头柜时，以实用性为主，床头柜最好选自带抽屉、台面较宽的，可以放下更多的物品，起到收纳的作用（见图 6-17、图 6-18）。

2. 卧室色调

卧室要求宁静、整洁、温馨，以便于休息睡眠。因此，成人的卧室通常不宜有太强的形状和色彩视觉刺激元素，要有较好的隔音和柔和的光线；儿童的卧室可有适当的形状变化和醒目的色彩搭配，培养孩子对色彩的认知能力，有助于激发孩子的想象力和创作力；老年人的卧室装饰上倾向自然、素洁、淡雅的格调，为了使他们有一种积极、健康向上的心理，室内色调应以浅色为主，深色调节为辅的原则进行设计，以构成自然、科学的环境氛围（见图 6–19、图 6–20）。

3. 灯光照明

卧室照明应有整体照明和局部照明。一般来说，卧室精细活动区域的照明标准应控制在 60~300lx，空间环境应控制在 60lx 左右。除睡眠外，照明可兼顾书写、阅读、看电视、化妆、取物等行为方式，并根据居住者的年龄层、生活方式不同而有所区分。卧室的基础照明大多采用吊灯、吸顶灯、嵌入式灯具，局部照明则有壁灯、台灯、落地灯、移动式灯具等。卧室的灯光照明总体来说适宜营造宁静、温馨、安静的氛围（见图 6–21）。

4. 风水考量

主卧室的设计需考量风水的因素，卧房形状适合方正，不适宜斜边或是多角形状。为避免厕所直接对着床铺，特以一玻璃隔门作为缓冲（见图 6–22）。再者，卧房为休息的地方，需要安静、隐秘，而大门为家人、朋友进出必经的地方，所以房门对大门不符合卧房安静的条件。为避免横梁压床，特地做一床头主墙，两边采用对称式活动拉门设计，连同两侧的床头柜，内部皆可储藏物品，隐藏式的柜体设计，将卧房空间妥善地利用，使其更显宽敞（见图 6–23）。

图 6–19　色调柔和、温馨雅致的卧室空间

图 6–20　儿童卧室空间

图 6–21　灯光照明舒适宜人
设计者：齐霖　张岩鑫

图 6–22　卧室空间以玻璃隔门为缓冲
设计者：李倩倩

图 6-23　卧室空间以活动拉门营造隐秘格局

图 6-24　一字形布局

四、厨房

厨房是用餐的配套工作区域，强调的是工作的便利和有效，是为家庭成员提供餐饮服务的环境空间，主要是通过烹饪加工食物来满足人们正常的生活健康需要，其基本功能是储藏、切洗、烹饪、备餐及用餐后的洗涤、整理等。

1. 厨房类型

（1）独立式厨房。受我国传统烹饪操作的饮食习惯的影响，厨房在使用过程中会产生噪声和大量油烟污染，因此大多数家庭会选择独立式厨房。独立式厨房是指与就餐空间分开，单独布置在封闭空间内的厨房形式。一般家庭多数选择采光及通风较好的空间作为独立式厨房，其墙面面积大，有利于安排较多的储藏空间。但这种形式的厨房也有难以克服的弱点，特别是空间相对较小，操作者长时间在厨房内工作，会感觉单调、压抑、疲劳，且不方便与家人、访客进行交流。

（2）开放式厨房。开放式厨房将小空间变大，将起居、就餐、厨房三个空间之间的隔墙取消，各空间之间可以相互借用，扩大空间感，使视野开阔、空间流畅，可以达到节约空间的目的，增加家庭成员之间的接触机会，使采光、照明、通风、换气等条件得到改善。此外，还有助于空间的灵活性布局和多功能使用，特别是当厨房装修比较考究时，能起到美化家居的作用。

（3）阳台改造型厨房。由于受到住宅条件限制，空间功能的制约，许多住户将厨房阳台改成烹饪间，将原厨房加入餐桌改造成餐厅。一方面能够充分利用室内空间，另一方面能够较好地控制烹饪油烟扩散使污染范围缩小，使厨房空间环境做到干、湿分离，洁、污分开。但由于在最初设计厨房阳台时并没有考虑到煤气管线、上下水的问题，给住户改造带来了一些困难。

2. 厨房布局

（1）一字形布局。一字型布局是一种节约空间的经济型厨房。这种陈设布局不需要厨房宽度，橱柜和厨具沿一侧墙壁呈一字排开，使操作活动沿直线往返作业，适合小户型住宅，封闭式一字形厨房无“工作三角区”，操作空间紧凑（见图 6-24）。

（2）二字形布局。也称双墙型，是将各项操作分别设在狭长的走廊式空间内的两侧墙壁位置。工作区呈两条平行线。洗涤与配膳操作组合在一侧墙放置，将烹饪操作安置在另一侧墙壁空间。该设计使得空间布局合理，利用率高（见图 6–25）。

（3）L 形布局。L 形是目前公认的标准厨房布局，号称“黄金动线”，是将清洗、配膳与烹饪三种操作活动依次配置于相互连接的矩尺形墙壁空间而形成的布局结构，适合狭长的空间。通道的宽度范围一般为 750~900mm（见图 6–26）。

（4）U 形布局。这种布局属于宽裕型厨房布局，对空间面积要求较大，适于用矩形厨房。水槽、冰箱和灶台形成“三角围合设计”，基本功能较合理，可放置更多的厨房电器。U 形之间的距离应在 1.5~3m 之间（见图 6–27）。

（5）岛形布局。除了靠墙设置的厨房区域外，在厨房中间增加一个岛台，使得厨房空间呈现半包围的状态，适合不另设餐厅的小户型或开敞式餐厨合一的大户型。岛台可兼作餐桌，更好地利用空间。但其占用空间大，如果岛台设置不巧妙，容易造成空间累赘（见图 6–28）。

图 6–25　二字形布局

图 6–26　L 形布局

五、餐厅

餐厅的主要功能是用餐，但有时也可以兼作娱乐场，所以现代的家居设计中，餐厅也是一个比较强调艺术气氛和个性的空间（见图 6–29）。餐厅的开放或封闭程

图 6–27　U 形布局

图 6–28　岛形布局

度在很大程度上是由可用房间的数目和家庭的生活方式决定的。

（1）家具与陈设。家具的陈设以餐桌、餐椅为主，兼可设置餐具柜、酒柜或餐品、工艺餐具陈列柜等家具。餐桌的形状多为长餐桌或圆餐桌，方桌的标准尺寸为 760mm × 760mm 和 1070mm × 760mm，购买时可根据自家的面积选择合适的餐桌尺寸，但是要注意餐桌的宽度不能小于700mm，否则很容易与家人对坐时因餐桌过窄而产生碰脚的情况。餐桌的高度一般为 710mm，不要过高或过矮；对于兼用型餐饮区域，中小户型的家庭可以选择 6~8 人使用的直径为 1140mm 的圆桌，这种布局使用灵活，适用范围较大，一般的家庭型聚餐或宴请宾客都可以满足需要（见图 6–30、图 6–31）。

（2）色彩与照明。人们用餐时往往非常强调幽雅环境的气氛营造，设计时更注重灯光的调节及色彩的运用。餐厅的光线特点是“聚”，这样便可以给人集中、紧凑的感受，使人感到亲切，增加食欲。在照明方式上，一般采用自然采光和人工照明结合，在人工照明的处理上，顶部的吊灯作为主光源，构成了视觉中心。餐厅采用高显色性的照明光

图 6–29　具有艺术氛围的餐厅

图 6–30　长餐桌

图 6–31　圆餐桌

图 6–32　灯光适宜、环境幽雅的餐厅

源，但不要采用彩色光源，以免改变食物自然的颜色，一般光源以暖色的吊灯、吸顶灯或嵌入式灯具为基础照明，也可使用壁灯、落地灯来调节气氛（见图6-32、图6-33）。一般餐厅环境的照度标准为100lx，工作面照度标准为300lx。

六、书房

书房不宜太多物品装饰，对于宁静的空间，应以沉潜的气质予以铺陈。书房是读书写字的地方，在一些知识分子的家居环境里是一个重要的场所，成为这类家庭中比较关注的空间。

1. 适度照明

书房对于照明和采光的要求很高，过于强、弱的光线，都会对视力产生很大的影响，所以写字台最好放在自然光充足但阳光不直射的窗边。书房的主体照明可选用乳白色灯罩的白炽吊灯，安装在书房中央。为方便使用者阅读和写作，书房内还要有台灯和书柜用射灯，光线要柔和、明亮，避免眩光。台灯光线要均匀地照射在读书写字的地方，不宜离人过近，以免强光刺眼（见图6-34、图6-35）。

2. 多功能设计

对于书房的设计，通常需满足上网、学习、会客、看书等基本要求，书房通常与主卧室较为接近，以便于使用，促使生活方式趋向现代化、信息化，让书房成为家庭工作的场所。对于书房的设计，必须满足以下要求：根据学习、工作的自然采光需求，合理布置写字台，设计好自然光与书桌之间的角度；按照家庭成员的交流需求，合理设计好桌椅与书桌的摆放位置、数量；合理布置家居，对于座椅的布置，应控制好活动深区。同时，控制好书桌边缘与障碍物的距离，满足使用要求；根据休息空间的需求，合理布置好沙发椅与床（见图6-36、图6-37）。

七、卫生间

从目前的家居条件看，卫生间以用厕、洗浴为主要功能，有些则兼有化妆洗衣的功

图6-33　环境静谧、自然清新的餐厅

图6-34　光线适宜的书房

图6-35　自然光充足、环境舒适的书房
设计者：李倩倩

能，有些高级的卫生间还有健身和休息的功能。由于卫生间功能的多样性，相配套的设备也较多，对卫生间的设计要求较高，如防潮、通风、照明、恒温、防滑等。除此之外材料选用及色彩配置、形态设计等都会影响使用时的舒适感（见图 6-38~ 图 6-41）。

图 6-36 多功能型书房

图 6-37 布置合理的书房

图 6-38 干湿分离的卫生间

图 6-39 卫生间照明充足 设计者：李倩倩

图 6-40　洁净雅致的卫生间　设计者：李倩倩

图 6-41　自然采光的卫生间　设计者：李倩倩

1. 家具与设备

根据卫生间的规模大小，除了要设置各种坐便器、洗脸盆、淋浴器和通风设备外，在空间条件允许的情况下，可以辅助功能用途和行为活动需要为依据，设置各种不同规格的浴盆、净身器、浴缸、淋浴房、桑拿浴房、蒸汽浴房等。洗衣间还需安装洗衣机、干衣机和熨烫设备等。

2. 通风防水

卫生间要做到干湿分区，采用有效措施以隔离湿度最强的淋浴空间，分离干燥空间，降低居住空间受湿度的影响。卫生间最好设置能够直接与外界通风的窗户，如果室内没有窗户，就要安置排风设备，以便在沐浴或洗涤时可以排出潮湿气体。卫生间防水宜采用以聚氨酯为原料的涂膜防水材料，尽量避免使用卷材防水材料，原则上不采用刚性防水做法，地面宜用防滑玻化地砖、花岗岩地砖等防水、防滑、耐脏的材料。

3. 采光照明

卫生间宜采用防水防潮的地顶峰或内嵌式灯具作为基础照明，其基本标准照度为 200lx。大空间的卫浴间可以选择安装壁灯，使用间接灯光造成强烈的灯光效果。洗脸处宜安装镜前灯，镜前灯也有装饰作用，通常采用细管状镜前荧光灯。在坐便器、浴缸、花洒的顶位各安装一个筒灯，使每一处关键部位都能有明亮的灯光，其局部标准照度为 500lx。浴室上方装饰应安装浴霸，设置供暖设施。

第三节　居住空间实例改造设计

随着住宅产业建设的蓬勃发展，人们的居住条件也得到了进一步改善。但仍存在着许多问题，如新买的住宅居住条件不尽如人意，存在着需要重新改造后才符合要求的问题。居住空间的设计始终也存在着众口难调的问题。单元居住空间的设计受制约的因素较多，如面积的分配，各式的房间搭配及相互关系。如何进行有效合理的改造，这是需要谨慎考量的事情。本小节将对两个改造实例进行研究分析，这两个实例的改造构思和实践，对想改变居住环境的人们来说，具有一定的参考价值。

1. 深圳市语巢居住空间设计改造方案

（1）方案一（见图 6–42）：本方案是为在银行上班的 30 岁左右的夫妻而设计的。该方案以暖色系现代简约风格为主，注重空间的实用性，宽敞的入口过道给人以一种明确的方向性，而开放式的卧室和厨房使整个空间相互交融、和谐而不失其功能性。卧室中的卧榻，不仅收纳功能十分强大，还可供业主休憩，通过欣赏窗外的景色而得到全身心放松。色调柔和、质地舒适的家具给人以遐想浪漫的空间。该方案体现出了现代社会生活的精致与个性，符合现代人的生活品位。

（2）方案二（见图 6–43）：本方案是为在 IT 企业上班的单身男性而设计的。该方案以日式现代简约风格为主，客厅中的电视背景墙不再是固定的模式，可沿箭头方向滑动调节，不仅是客厅和厨房之间的"玄关"，也是厨房的入口处，客厅的沙发和书房的卧榻还具有收纳的功能。简洁的设计，明快的线条，更凸显业主严谨的生活态度。

（3）方案三（见图 6–44）：本方案是为刚大学毕业，即将步入职场的女性而设计的。该方案以现代简约仿古风格为主，各区域以自然的墙面弧度进行划分，圆床和沙发贴合墙面弧度而制，可节约室内空间，床边桌也是切合圆床形状而制，且具有收纳储物的功能。客厅和卫生间的地面铺砖是仿旧样式，复古元素更体现家居的典雅别致、自然清新。

（4）方案四（见图 6–45）：本方案是为音乐系的在校女大学生而设计的。该方案以田园简约风格为主，浅色系的木地板使得空间更加宽敞明亮且色调柔和，卧室和卫生间的不规则状地砖使整个空间更增添艺术气息。墙面的弧度巧妙地与沙发形状相融合，同时电视背景墙的斜度也为储物空间创造了条件，满足了居住空间的多功能性要求。

2. 广州市 3+1 别墅空间设计（见图 6–46）

现代简约风格别墅装修设计强调的是"时尚、实用、绿色"的家居设计理念。该别墅空间设计方案并不仅仅是对室内进行简单的装潢，而是经过深思之后创新得出的设计思路的延展，不是纯粹的"堆砌"和随意的摆放，没有实用价值的特殊部件及任何装饰都会增加造价，强调形式应更多地服务于功能。

该方案在家具配置上，以黑色、深紫色系列家具为主，因为该色系家具独特的光泽使家具倍增典雅、时尚，且具有舒适与美观并存的享受，为平时事业压力大的客户提供一个简单的环境，让其身心得到充分的放松和释放。年轻夫妻追求时尚新颖，彰显个人特质，因此设计者根据家庭成员的喜好而挑选精品，注重细节的精巧，是追求高雅品位的体现。

老人的生活品位十分雅致，追求自然韵律，喜欢修身养性，因此在老人房、书房和休闲区的空间设计中，充分体现了"以人为本，天人合一"的设计感，选材多以原木为主，偏重自然色系。

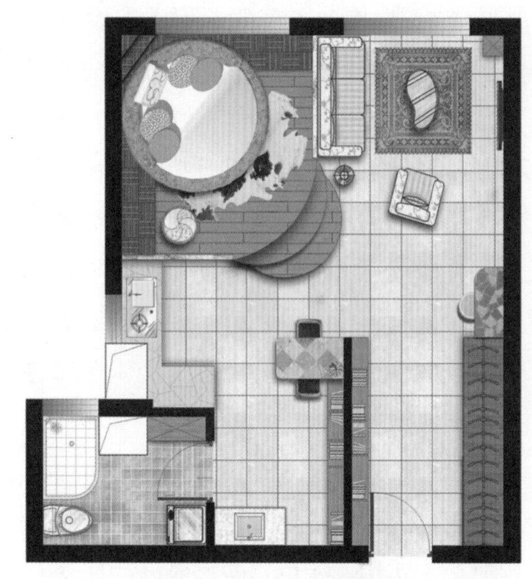

图 6-42　方案一　设计者：李倩倩

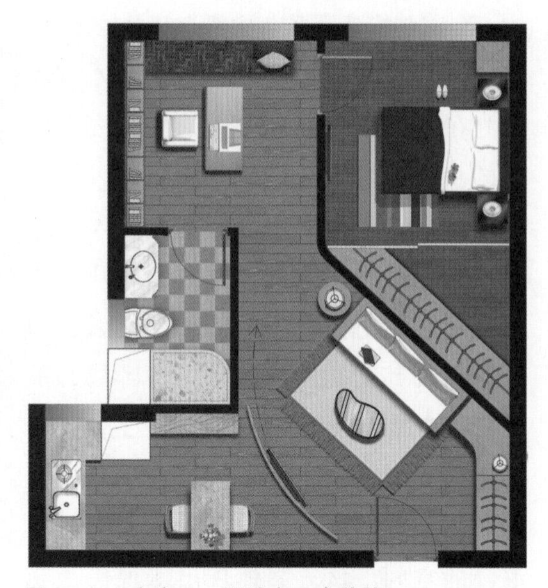

图 6-43　方案二　设计者：李倩倩

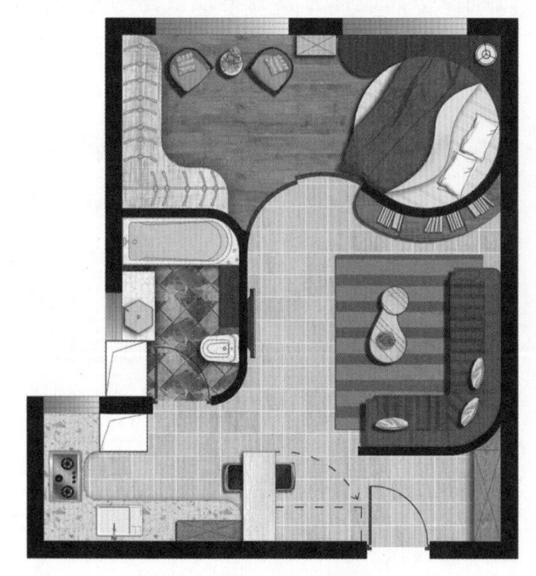

图 6-44　方案三　设计者：李倩倩

图 6-45　方案四　设计者：李倩倩

儿童正值智力开发阶段的关键时期，该方案在设计中考虑需要让处在发育阶段的孩子更好地接触阳光，因此首先要做好充足且适宜的采光和照明设计，让房间温暖舒适、有安全感，有助于消除孩童独处时的恐惧感。在该方案中设计者选择了颜色鲜艳的家具及装饰，包括整体的色彩选择，科学合理地搭配设计，更容易激发孩子的想象力和动手能力。

第四节　居住空间设计选型

随着国民经济二度增长，人们的物质生活水平不断提高，居住空间的标准也越来越高了，现在流行的户型正向高标准化发展。对于即将购房的人来说，如何选型，在选择的过程中应注意的问题和要领，这都是需要斟酌考量的。

一、位置和环境

通常对于住宅所在的地理位置，需要考虑的问题有：

（1）住宅与工作单位的距离，附近有无便利的公共交通直达，或者需要转换几次路线才可到达工作单位。

（2）住宅小区内有无文化、教育、医疗设施，如幼儿园、小学、中学、医院等。如在郊区，有无便利的公共交通直达，或者需要转换几次路线才可到达目的地，出行是否方便快捷。

（3）住宅小区周围的绿化环境空间和景观。

二、居住空间室内环境

居住空间的面积有大有小，标准有高有低，用途是各式各样的，室内空间的装饰布置也是各不相同。通常选择户型有下列几个标准可供参考。

（1）住宅的朝向，大部分是以南为主，如起居室、卧室、工作间等。

（2）厨房和餐厅要靠近入口和起居室，卫生间要靠近主要的房间。

（3）有门厅的入口。

（4）有无晒晾和储物的空间，如阳台、储藏室等。有无自行车车库、汽车车库或汽车泊位的空间。

（5）选择住宅的楼层问题，各层各有其优缺点，这也是因人而异，个人的偏好因年龄而不同，对于老人来说要求进出方便安全，应以底层为主。

（6）选住宅单元的中间和尽端的问题，一般尽端单元三面可开窗，布置可以更加灵活。

（7）住宅选择高层还是低层，有两个问题需要特别注意：一是得房率，即每户室内有效使用面积。二是物业管理的费用，一般来说，低层住宅的得房率比高层高，物业管理费用相对较低。原因在于高层的公用面积较大，因此电梯等物业管理费就相对高，相对的居住使用空间的面积就减少了。所以选择户型不免要仔细考虑各种因素，权衡利弊，避免得不偿失。

图 6-46　广州市 3+1 别墅空间设计　设计者：李倩倩　胡雅晨　梁璐怡

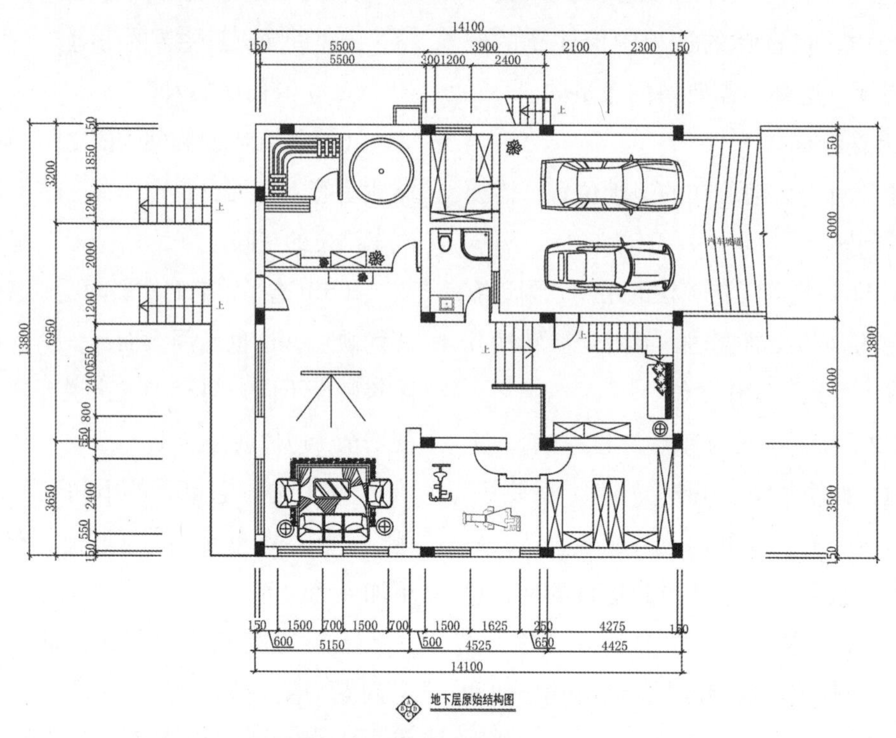

地下层平面布置（单位：mm）

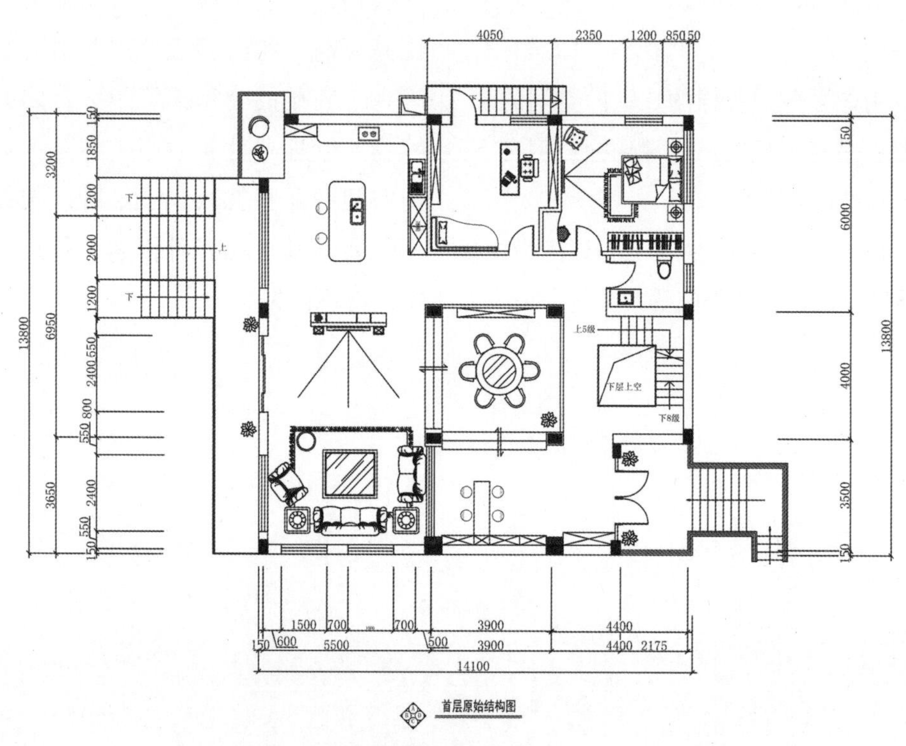

一层平面布置（单位：mm）

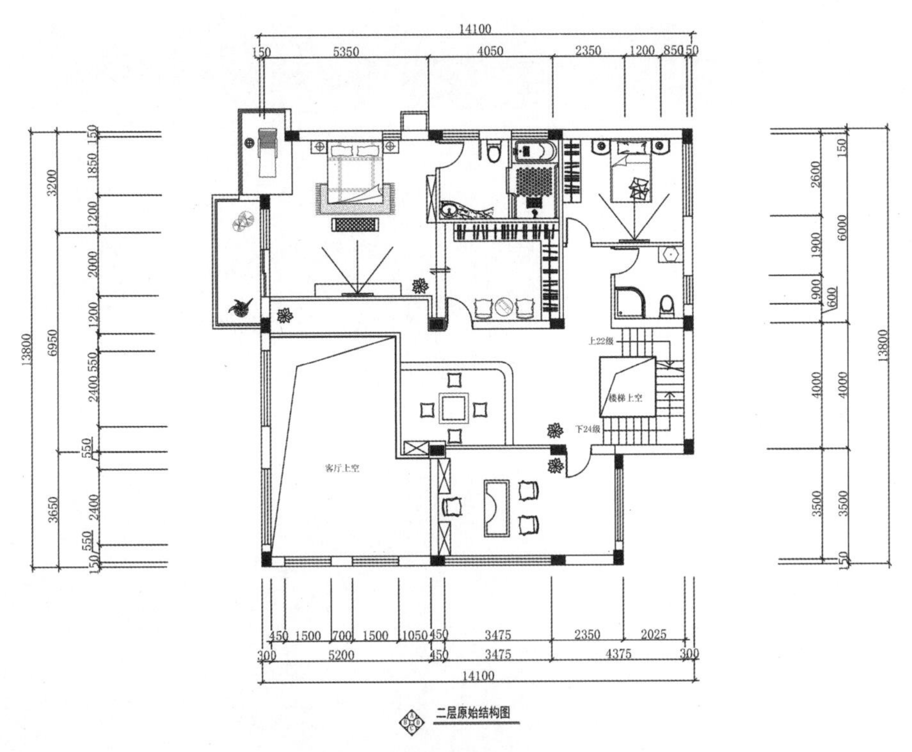

二层平面布置（单位：mm）

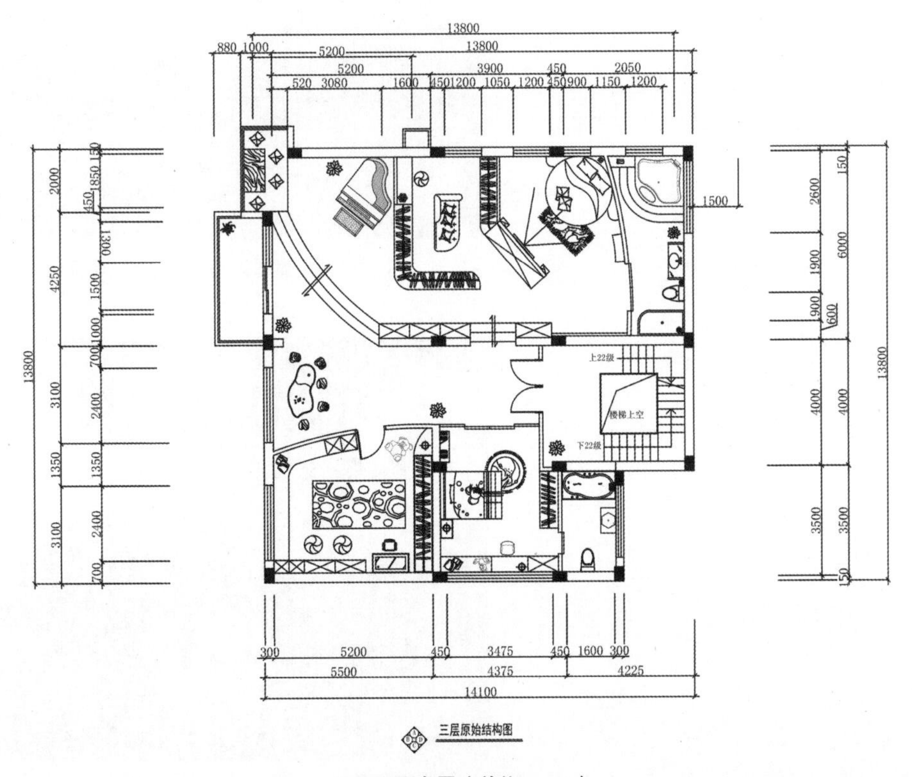

三层平面布置（单位：mm）

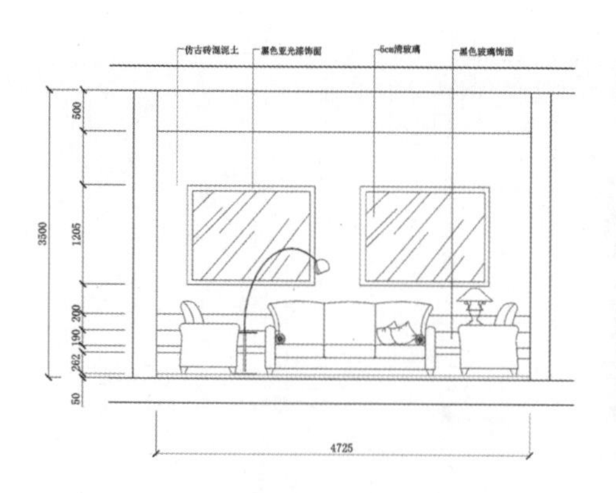

地下层影音室立面规划

地下层影音室效果图　设计者：李倩倩

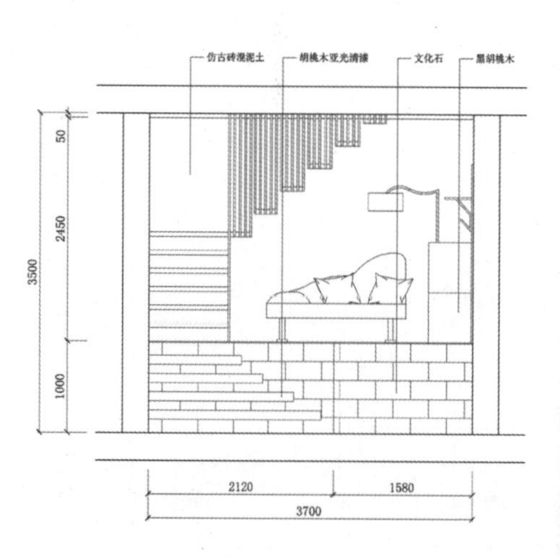

地下室立面规划

地下室效果图　设计者：李倩倩

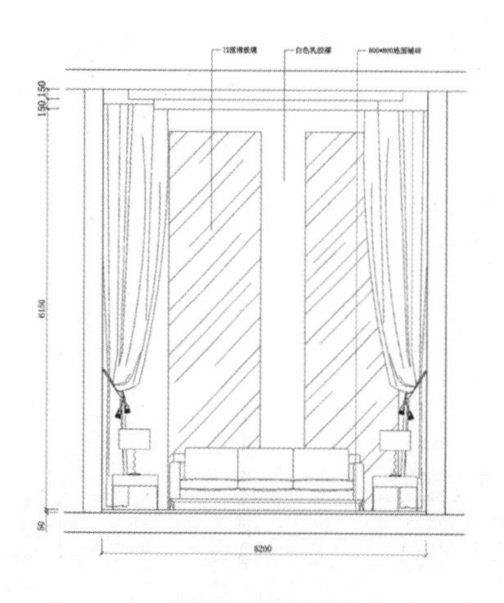

一层客厅立面规划

一层客厅效果图　设计者：李倩倩

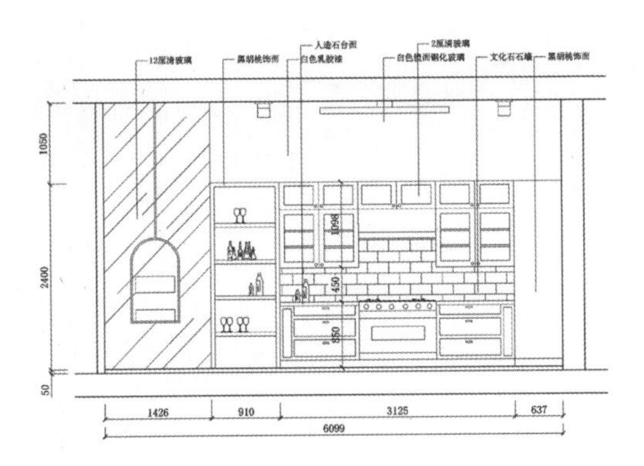

一层厨房立面规划

一层厨房效果图　设计者：李倩倩

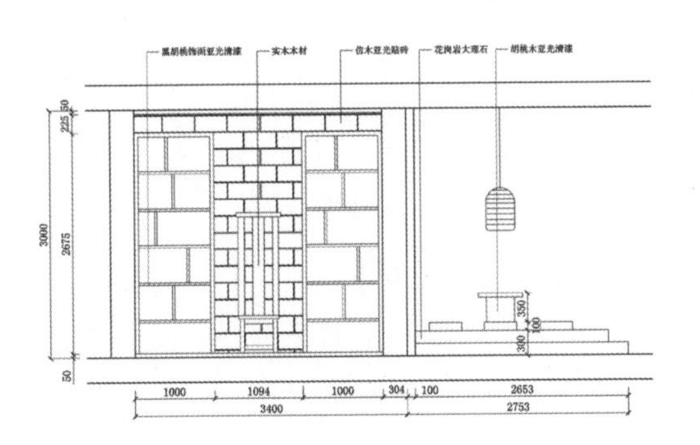

二层休闲区立面规划

二层休闲区效果图　设计者：李倩倩

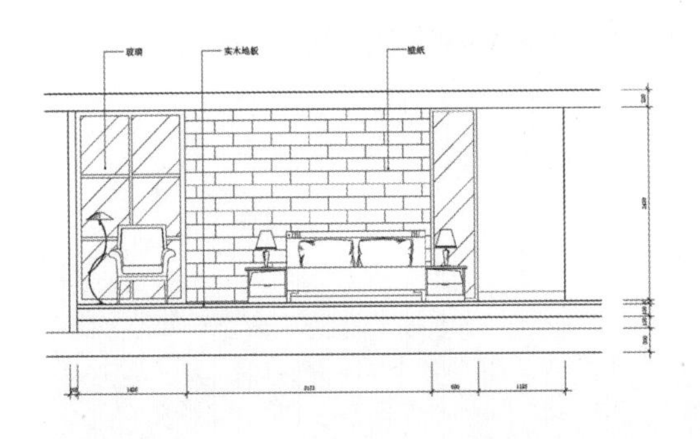

二层老人房立面规划

二层老人房效果图　设计者：胡雅晨

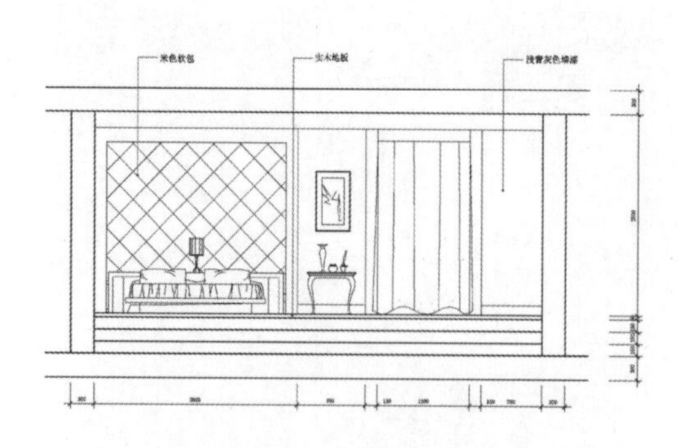

三层主卧立面规划

三层主卧效果图　设计者：胡雅晨

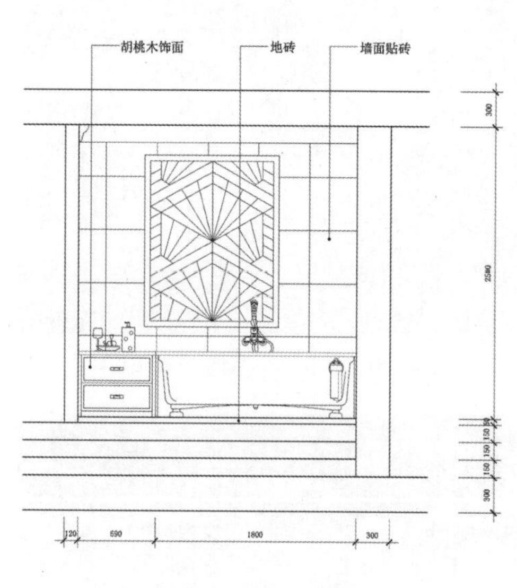

三层卫生间立面规划

三层卫生间效果图　设计者：胡雅晨

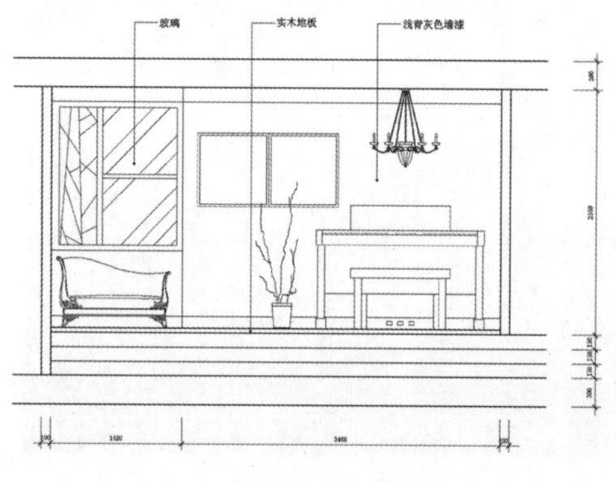

三层休闲区立面规划

三层休闲区效果图　设计者：胡雅晨

三层儿童房效果图　设计者：梁璐怡

三层玩具房效果图　设计者：梁璐怡

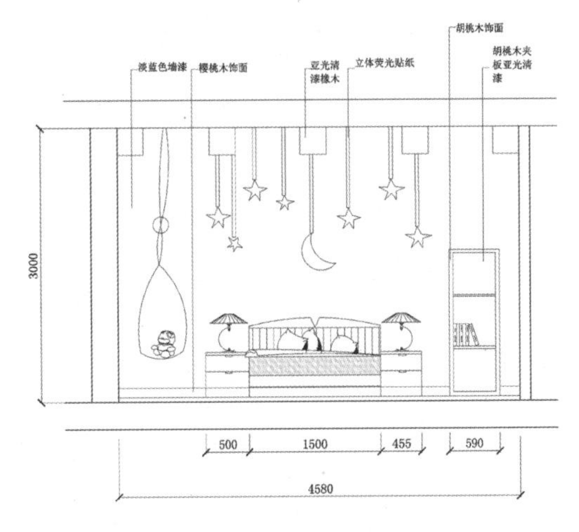

三层儿童房立面规划

第七章　办公空间设计

OFFICE SPACE DESIGN

第一节　办公空间的分类

办公空间是供机关、团体及企事业单位处理行政事务和从事业务活动的场所。办公空间所特有的功能性体现了每个时代具有的创造性的设计理念。所有办公空间都与商业的策划形成一致，伴随着使用者的进一步发展为目的；办公空间的设计，有先要了解在室内长时间工作的人们的日常行为方式、习惯，通过空间设计来达到最大限度地提高工作人员的工作效率的目的。

一、以办公空间的布局形式分类

从办公空间的布局形式来看，当代办公空间的发展体现出了三种不同的类型，主要分为独立式办公空间、开放式办公空间、景观办公空间、单元型办公空间、公寓型办公空间五种类型（见图 7–1~ 图 7–5）。

1. 独立式办公空间

独立式办公空间以工作性质或部门为单位，分别安排在不同形状和大小的办公空间之中。该类办公空间面积较小，配置设施较少，对于办公室内的设施可以独立掌控，其良好的私密性为办公人员提供了一个安静少干扰的工作环境。但是这种办公空间类型较呆板不够灵活自如，不利于各部门之间的沟通与交流，被封闭空间的成

图 7–1　独立式办公空间

图 7–2　开放式办公空间

图 7–3　单元型办公空间

图 7–4　景观办公空间

图 7–5　公寓型办公空间

员无法参与到团队的合作中，不利于灵感的激发。其典型形式是由走道将大小近似的中、小型空间连接起来。通常有传统的间隔方式和不同的隔断材料，可根据需求把大空间重新分隔成若干小型单间办公室。

2. 开放式办公空间

开放式办空间一般面积较大，没有门和隔断，没有阻碍地与其他空间连成一线，成为一个整体。开放式办公空间相对于独立式的办公室来说，更加灵活自由。将若干部门置于一个大空间之中，通过矮隔板进行分隔，每个工作人员形成自己相对独立的区域，又便于相互沟通联系。在开放式办公空间中，常采用不透明或半透明轻质隔断材料隔出高层领导的办公室、接待室、会议室等，使其在保证一定私密性的同时，也有利于管理者对于员工进行监督。缺点是部门之间干扰大，风格变化小，且只有部门人员同时办公时，空调和照明才能充分发挥作用，否则浪费较大，交通面积也较小。

3. 景观办公空间

所谓景观办公空间，就是根据工作流程、各办公组团的相互关系及员工办公位置的需求，通过办公设备和活动隔断组成的工作单元并配以绿化等来划分空间。景观办公空间更注重人性化设计，倡导环保设计观，为办公人员创造一个更舒适的视觉环境和一种相对集中，有组织的自由环境，这种概念既是空间上的，又是管理上的。可根据交通路线、工作流程、工作关系等自由地布置办公家具，室内空间充满绿化景观的办公空间，改变了过去的压抑感和紧张气氛，良好的空气令人愉悦舒心，这无疑减少了员工工作中的疲劳，大大地提高了工作效率，促进了人际的沟通和信息的交流。

4. 单元型办公空间

单元型的办公空间一般位于商务出租办公楼，也可能以独立的小型办公建筑的形式出现。除晒图、文印、资料展示等服务用房为大家共同使用之外，其他的空间都具有相对独立的办公功能。通常其内部空间可以分隔为接待会客、办公、会议等空间，根据功能需要和建筑设施的情况，单元型办公空间里还可设置卫生、茶水、储存、设备等功能。该类办公空间在设计上往往具有强烈的个性特征，能充分展现企业的形象。

5. 公寓型办公空间

以公寓型办公室设计空间为主体组合的办公楼，也称办公公寓楼或商住楼。公寓型办公空间的主要特点是，将办公、接待及生活服务设施集中安排在一个独立的单元中。该类办公空间具有居住及工作的双重特性，除了办公区域外，还配备有类似住宅的盥洗、就寝、用餐等空间。公寓型办公空间提供白天办公和用餐，晚上住宿就寝的双重功能，给需要为办公人员提供居住功能的单位或企业带来了方便。

二、以办公空间的业务性质分类

1. 行政办公空间

行政办公空间即指党政机关、人民团体、事业单位、工矿企业的办公空间（见图 7–6），其特点是由于上、下级等级关系明确，部门分工具体，工作性质主要是进行行政管理和政策指导；单位形象的特点是严肃、认真、稳重。办公室设计风格多以朴实、大方和实用为主，在空间划分上，多以小型空间或封闭的个人办公室为主。

2. 商业办公空间

商业办公空间即指商业和服务业单位的办公空间（见图 7–7），其装饰风格往往带有行业窗口性质，以与企业形象统一的风格设计作为办公空间的形象。因商业经营要给顾客信心，所以其办公室设计都较为讲究和注重形象。

3. 专业性办公空间

专业性办公空间即为各专业单位的办公空间（见图 7–8），如设计师的办公空间，装饰格调、家具布置与设施配备都应有时代感和新意，且能给顾客信心并充分体现自己的专业特点。如电信、税务、银行等都具有各自的专业特点和业务性质。此类

图 7–6　行政办公空间

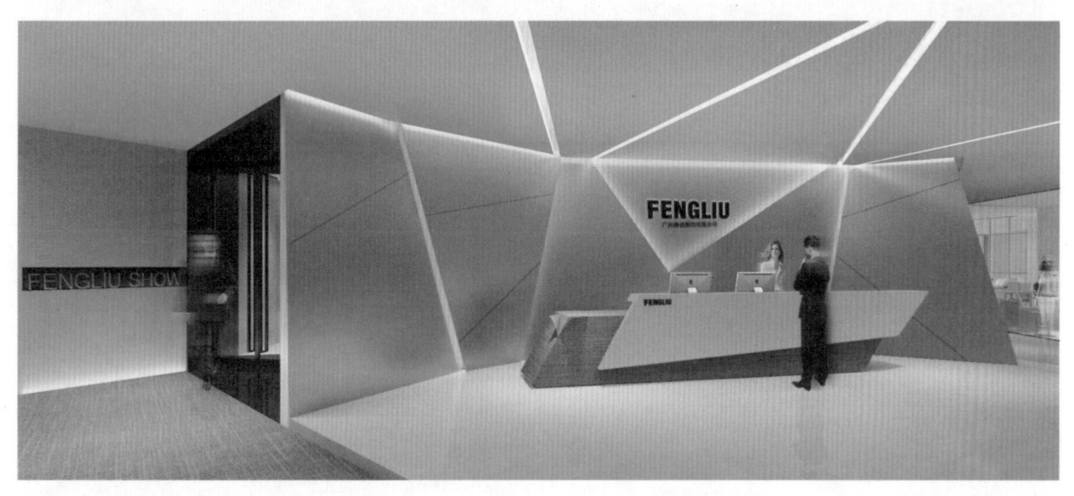

图 7–7　商业办公空间

装饰风格特点是在实现专业功能的同时，体现自己特有的专业形象，协调专业功能区域与普通办公区域的流线及装修界面的交接。

4. 综合性办公空间

综合性办公空间即以办公空间为主，同时包含服务业、旅游业、工商业等（见图 7–9），其办公室设计与其他办公空间相同。随着社会的发展和各行业分工的进一步细化，各种新概念的办公空间还会不断出现。

第二节　办公空间设计的原则

一、人性化原则

人是室内设计的核心，空间是人的空间。设计师在设计的过程中应研究人的工作、活动以及室内空间元素在整个空间环境中的作用及意义，目的是使人们从物质

图 7–8　专业性办公空间

图 7–9　综合性办公空间

的奴役中解放出来，使人的生活环境更符合人性化设计。办公空间人性化的塑造，主要体现在整体空间的舒适性上，且要求在空间创造、空间组织和空间氛围等方面，均要满足员工的生理和心理需求。不同的空间有着差异性的元素特征，带给人的心理感受也是不同的。因此在设计上，除了要保证基本功能的设置，还要尽可能体现人性化的设计理念。

二、经济性原则

在建构节约型社会与和谐社会的办公空间设计时，从决策到设计施工再到最后的落实收尾阶段，经济性原则贯穿始终。此原则反映在平面布局的集约化，及模块设计的建筑构件模块化、细化等诸多方面。曾一度“流行”的豪华气派的建筑，一味追求“高大上”和威严肃穆，所运用的建筑材料并非是环保节能型，铺张浪费，实则空洞虚无，这样的“流行趋势”也最终会被无情地淘汰，取而代之的仍是大众所接受的经济适度性、可持续发展的建筑。

三、传承性原则

如果原建筑所在区域有其现实与历史意义，那么在整修建设时，应选取原区域所在场地。基于对原文化文脉的传承，在空间设计中应在新旧之间建立其相关联性，注重建筑本身与周边环境的协调性，突出原建筑的纪念意义，融入岁月的痕迹与文化的信仰。这些元素都体现在沿袭原建筑的设计风格上，包括运用相同的设计元素、理念、手法等多方面。

四、适应性原则

适应性是系统与环境相协调的行为。建筑的适应性则是建筑不断调整空间自身构成要素以适应客观外部条件的系统行为。建筑存在的可能性就是——使用，这也是最传统的认识。从本质上讲是指设计中空间形式对于功能的适应性，也就是研究空间形式与功能的关系问题。我们可以将适应性作为空间构成设计研究的线索，从另一个角度审视空间设计的方法，这是必要的，也是可行的。提高空间的适应性，除了满足空间的主导功能的需求外，空间还应具有更丰富的内涵。

五、功能性原则

人类建筑的发展史告诉我们：对功能的需要产生了建筑的形式，功能是建筑中最根本的决定性因素。满足功能要求是判断空间设计优劣的基本准则。功能反映了人对室内空间在舒适、方便、安全等各种使用上的各种需求。但“形状追随功能”的理解不能只停留在抽象的概念上，尤其不能用简单的方法去生搬硬套，应当研究空间内部相互联系的复杂性，如人的需求、地点的需要、行为的需要、分析活动的性质、确定可能的安排、室内空间所需要的质量，这样才能达到形式与功能的完美结合。

第三节　办公空间设计的要点

一、办公空间的视觉识别性

根据不同企业的文化形象，设计具有鲜明特色的背景空间，展示企业的历史文化和管理理念。在大型办公空间中要以“导向”为目的，根据环境中人“动线”的分析，在设定平面动线后，选择相应的功能区域来设置标识，以赋予指示功能。在现代办公空间设计中，应充分利用标识的色彩与造型，将其融入室内空间中，这样不仅实现了清晰的指示功能，还方便提升外界在室内空间中对企业文化的认知度（见

图 7-10、图 7-11）。

二、办公空间的秩序感

空间所强调的秩序感，是指“形”的反复、节奏、完整和简洁。秩序感是办公空间设计的一个基本要素，以此创造一种简洁、大方，着重营造空间的宁静氛围的环境。要达到具有秩序感空间的目的，所涉及的面十分广泛，如平面布置的规整性、家具样式与色彩的风格统一、隔断尺寸与色彩材料的统一、天花板的平整性与墙面的装饰、合理的功能规划及人流导向等，这些都与秩序密切相关，可以说秩序在办公室设计中起着关键性的作用（见图 7-12）。

三、现代化技术的应用与发展

随着智能型建筑不断地产生，其建筑内部的空调技术、照明技术、地板工程、噪声防治、电脑微路设计及设备管理的观念等技术得到了快速的发展。例如照明设备，在以往并不受重视，但现在已演变成自动化控制的照明系统，可以随天气的好坏自动开关照明系统，使办公室的设备更接近人性化的层次（见图 7-13）。而且这类智能型大楼必定是未来发展的趋势，这需要以相当多的经验积累作为基础。

四、体现地域特色与人文关怀

办公空间环境还受国家和民族的地域文化、风俗、传统的影响而呈现出不同的设计风格取向。在室内设计中以人为本，体现人文关怀，一方面是运用人体工程学，满足家具使用的合理性与亲切感，另一方面是使人得到工作领域上的满足感与自信，即满足工作的多元性以及视觉、听觉、生理的舒适反应（见图 7-14）。办公空间

图 7-10　企业形象标识

图 7-11　企业形象系统在室内空间中的传达

图 7-12　办公空间的秩序感

图 7-13　智能型办公空间

设计就是创造一种仿佛回到家庭般舒适与亲切感的空间，使家庭中和睦的氛围延伸到工作环境。

五、办公心理环境

现代室内设计理念已不再将人与环境看成是孤立的各自存在，而是强调以人为本的整体统一的关系。影响办公人员心理感受的因素很多，办公空间长期作为人们共同工作与交流的场所，人们的心理与行为因素涉及办公空间的形式、尺度以及动态流线。所以办公空间的设计既需要考虑个人的私密性和领域心理要求，又要注意人员之间人际交往的合理距离，可采用三面围合和合适高度的挡板来实现合适的空间尺度比例；另外，自然光与室内绿色植物、家具中适当配置木质材质，将自然环境引入室内，常给人们带来亲切、轻松，能与环境情意沟通的感受（见图 7–15、图 7–16）。

第四节　办公空间的内部规划

从使用的功能角度出发，办公建筑内部空间构成要素可以分为导入空间、通行空间、业务空间、决策空间、休憩空间等

图 7–14　办公空间人性化设计

图 7–15　以界面造型来划分空间

图 7–16　自然、轻松的办公环境

五个方面。

一、导入空间

导入空间是来访者最初进入的空间，通常入口的设计都能体现企业的象征性，也是办公空间序列组织的起点和有机组成部分。导入空间的视点景观分析，有助于获得建立第一印象的重要意义，更完善地表达内部空间艺术形象，因此往往成为设计中的重点。作为纯交通性的门厅，一般只需符合疏散要求的程度即可；兼有休息和接待功能的门厅，则都考虑留出不受交通干扰和穿越的安静区域，并竭力创造开敞、明朗、宜人的停留空间(见图7–17、图7–18)。

二、通行空间

主要指用于楼内交通联系的空间，通行空间一般分为水平通行空间和垂直通行空间。

走廊属于水平通行空间，虽然不是直接工作场所，但它是办公空间各个功能区域的联系纽带，也是人行过往的热点。楼梯则属于垂直交通空间，楼梯的功能和多种处理方式，使其在办公内部空间中有着特殊的造型和装饰作用。一般有开敞式和封闭式两种，并有不同的风格和形态。开敞式楼梯可以在空间中创造多层次的不同位置，为人们带来流动变幻的景观。在适当位置，可扩大楼梯平台，为人们提供良好的休息场所（见图 7–19、图 7–20）。

三、业务空间

这是办公建筑内部空间的核心部分，它是个人能力发挥、个人与团体协调关系和安装信息处理设备的物质空间，现在常

图 7–17　导入空间

图 7–18　入口设计

图 7–19　通行空间

图 7–20　走道设计

见的业务空间包括普通办公室、打字室、文印室、电脑室、档案室等业务空间，它的设计侧重于生产性、效率性和舒适性，须符合办公活动的规律和办公工作要求。业务空间组织形式的选择是一道难题，从管理者角度来看，大空间经济，便于管理；从员工使用来看，小空间亲切，员工关系紧密而且个人工作效率较高（见图 7-21~图 7-24）。

图 7-21　办公区 设计者：李倩倩

图 7-22　工作区

四、决策空间

决策空间是对公司的业务经营活动进行综合分析、预测、规划和决策的空间，主要包括会议室和最高管理层办公室（见图 7-25、图 7-26）。

会议室是办公建筑内部空间的重要组成部分，除设有用以传达信息和研讨决策的传统会议室外，还可能有电视会议室、电话会议室和可以进行交流的多媒体会议室。最高管理层办公空间多为封闭小间，设计标准比一般业务空间要高，根据公司经济的实力、社会地位来确定，一般布置成套间，外间可做秘书室，里间则为管理者室，有些还附有小型会议室。内部设计正朝着“生活化、人性化”的方向发展。

图 7-23　洽谈区

五、休憩空间

在办公内部空间中设计提供给工作人员休息娱乐的交流空间，是办公空间形态人性化的标志之一。工作人员长时间工作会产生情绪的紧张，生理上的疲劳以及心理上的孤独感，需要办公空间内有能够提供休息、消除疲劳的地方。我们平时一定会有这样的体验，在思索一个问题又找不

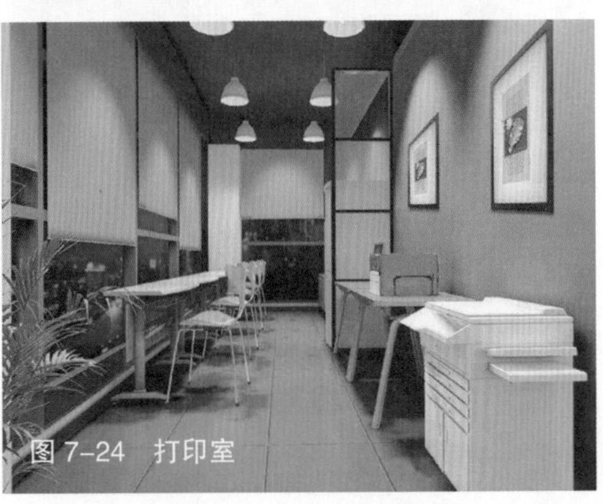
图 7-24　打印室

图 7-25 会议室 设计者：李倩倩

图 7-26　最高管理层办公室

图 7-27　休闲区

图 7-28　景观区

图 7-29　娱乐区

着头绪的时候，总想找个安静的地方走一走，想一想，与他人聊一聊，这样的空间则是最好的去处。这类空间最好有丰富的绿化、充足的阳光，空间造型新颖、活泼，照明多用自然光或柔和的人工光源，使员工在紧张之余得到彻底的休息、放松，以便有充沛的精力继续工作（见图 7-27~图 7-30）。

图 7-30 就餐区

广州市红砖厂创意园 E7 办公空间设计（见图 7-31）。

该项目位于广州红砖厂园内，本方案选址为广州市红砖厂 E7 栋的木结构建筑旧厂房，占地面积约 400m^2，该办公空间主要经营项目为室内设计，长期承接各种装饰工程设计及装修施工。

本方案设计强调功能与艺术的完美结合，总体采用 loft 工业风格，这栋老建筑的翻新工程以可持续绿色设计作为设计方针，主要基调采用黑白灰三色主流色彩，朴实而不失格调，整体格局清爽舒适，工作人员可以把休闲和工作完美结合。

在改造过程中将保留建筑的原有构造。设计师为了使室内有更好的通光性，在屋顶两边做了大天窗，可以自然通风，并使用了旧的灰色泥土地板、白色砖墙和开放的桁架，打造与遗产并肩的当代设计。

合理的设计可以使员工们产生健康和幸福感，促进其身心健康的发展，同时也鼓励团队之间的相互交流。在整个设计中公司内部没有完全封闭的空间，都被划分为半敞开式，使空间更加明亮宽敞，同时增添活泼的配色与柔软的质感。一层可见公共空间有：接待区、员工工作区、储物更衣区、游戏区、茶水间和休闲区等，西门还设有自行车停放的架子。接待区作为整个功能区间的重要部分，起着承上启下的作用，在进门的南面设计了较大的等候区域，而北面角落则展示有关于本设计公司的一些成功的设计方案和模型。二层是工作区，提供单独的董事长办公室、财务部工作空间以及满员会议室和单独的小会议室，目的是为设计师与客人交流项目时提供安静独立的空间，加上独具风格的装饰为不同的人群提供了创意工作的空间。

在组织空间的材料中，需要充分考虑为设计师创造适当的空间，因此，原建筑中的窗框、框架、水泥板、中密度纤维板、黑色铁板和木质台阶等现有材料都被应用到室内空间中。

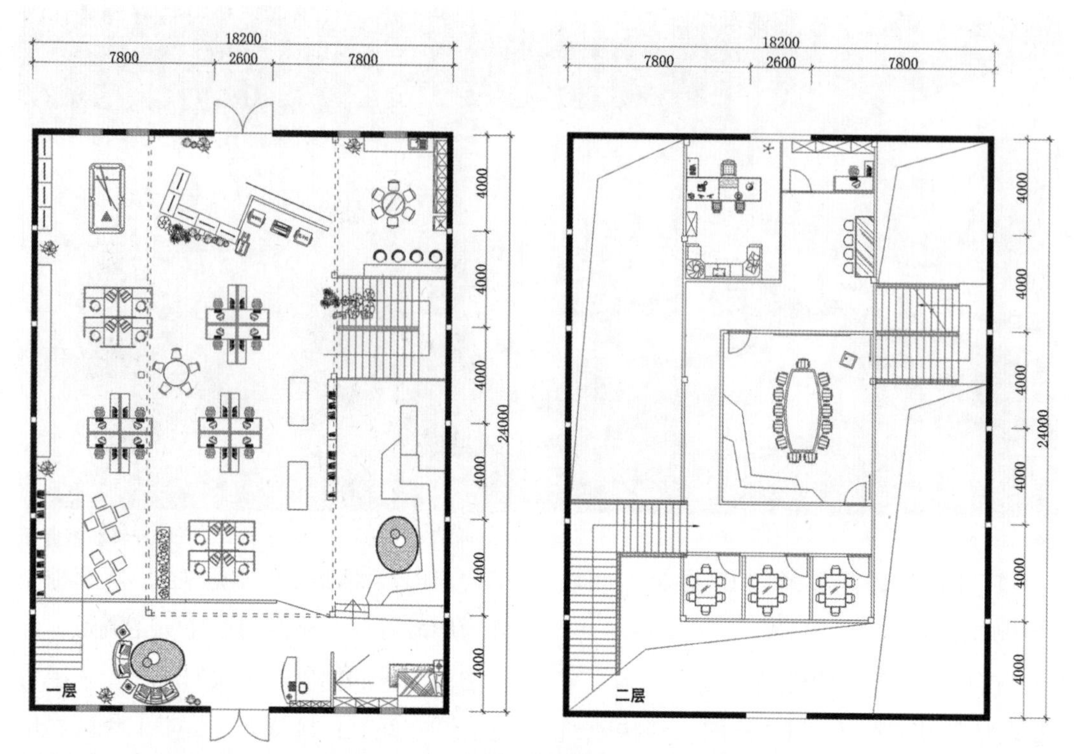
18200
7800
2600
7800
4000
4000
4000
4000
4000
4000
24000
一层
二层

平面布置图

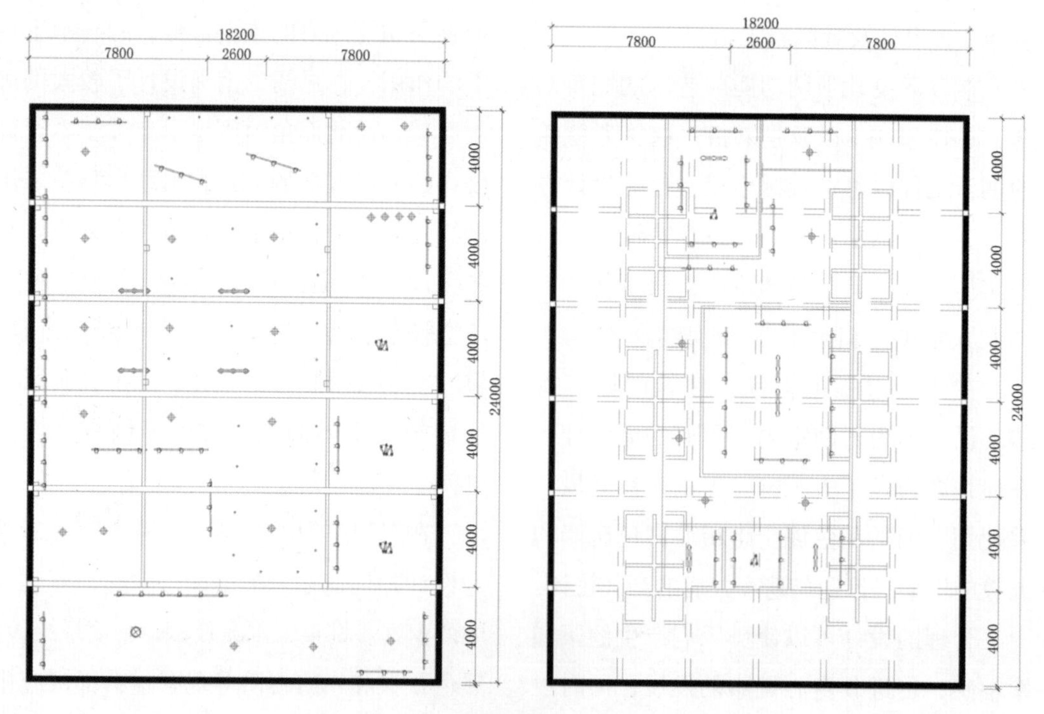
18200
7800
2600
7800
4000
4000
4000
4000
4000
4000
24000

天花布置图

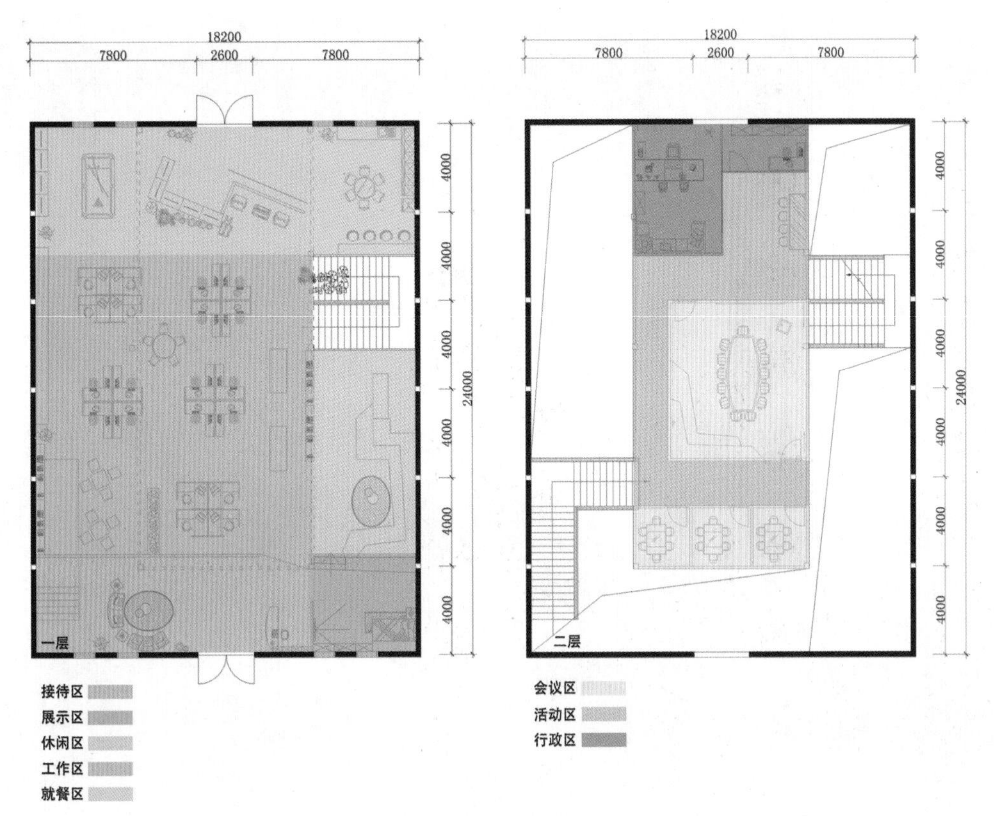

功能分区图

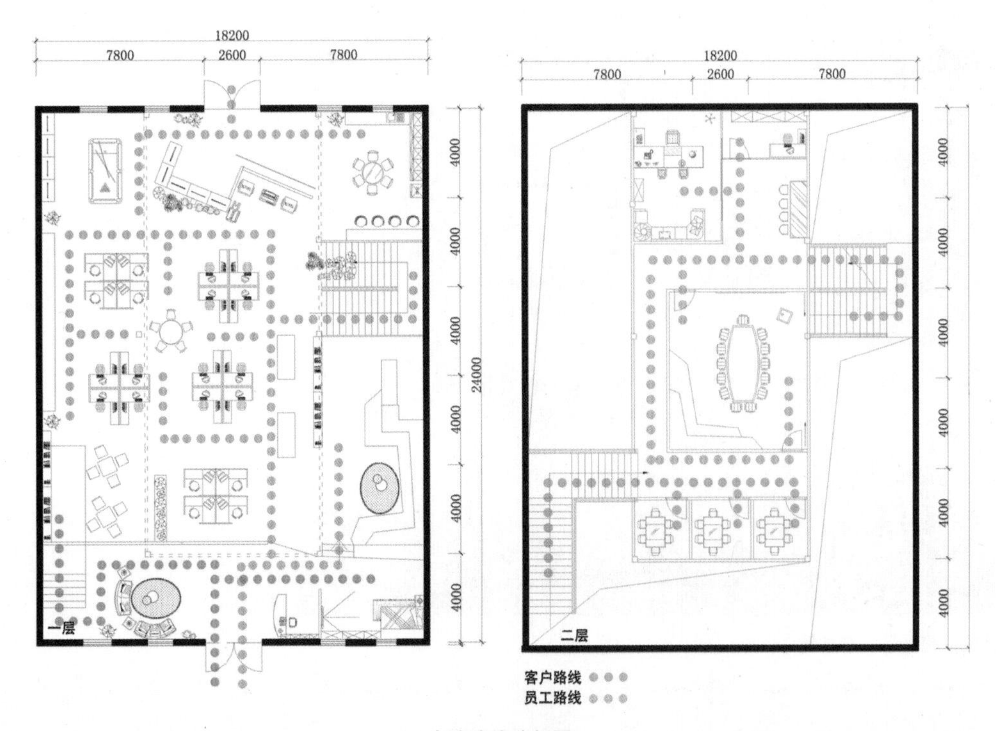

人流路线分析图

接待区　设计者：李倩倩

接待区　设计者：李倩倩

工作区　设计者：李倩倩

工作区　设计者：李倩倩

休闲区　设计者：胡雅晨

就餐区　设计者：林佩华

休闲区　设计者：林佩华

大型会议室　设计者：梁璐怡

行政区　设计者：胡雅晨

小型会议室　设计者：梁璐怡

办公室　设计者：李倩倩

图 7-31　广州市红砖厂创意园 E7 办公空间设计　设计者：李倩倩　胡雅晨　梁璐怡　林佩华

第八章　餐饮空间设计

DINING SPACE DESIGN

第一节　餐饮空间的分类

餐饮空间设计不同于一般的商业建筑设计与公共空间设计，人们需要的是美食同时也需要让人身心放松的气氛，强调一种文化的气氛。餐饮空间设计作为一种审美文化的创造活动，还要具有能够展示其他多方面含义的特征，更加需要创造某种形式因素的视觉语言环境。从某种程度上说，餐饮空间设计是在特定的历史文化语境影响下的选择性创造。餐饮空间组成要素有：餐食与饮料；足够令人放松精神的环境或气氛；有固定场所，能满足顾客差异化的需求与期望，并使经营者实现特定的经营目标与利润。

一、中式餐厅

中式餐厅设计风格一般就是两种：儒雅敦厚的中式风格和革新潮流的现代风格。显而易见，前者侧重文化，后者侧重功能，把两者特点结合，便有了兼具文化和功能的现代中式（新中式）餐厅。中式餐厅以经营中国民族饮食风味的菜肴为主，其空间的环境是按中式木结构建筑的风格样式来装饰的，传统窗户上的木质小栅格，斯文秀气，使空间呈现出古典幽雅、含韵婉转的意蕴。其空间布局庄重富有气势，甚至服务人员的服装都围绕着“文化”和“民俗”展开设计创意与构思（见图 8-1、图 8-2）。

二、西式餐厅

西式餐厅是指以品尝国外饮食，体会异国餐饮情调为目的的餐厅。西式餐厅与中式餐厅最大的区别是以国家、民族的文化背景造成的餐饮方式的不同。西式餐厅的家具除酒吧柜台之外，主要是餐桌椅。每桌为 2 人、4 人、6 人或 8 人的方形或矩形台面（一般不用圆形）。由于餐桌经常被白色或粉色的桌布覆盖，因此一般不对餐桌的形式与风格做太多的要求，只要满足使用需求即可（见图 8-3、图 8-4）。其装饰风格也与某国民族习俗相一致，充分尊重其饮食习惯和就餐环境需求。餐厅在欧美既是餐饮的场所，更是社交的空间。

图 8-1　中餐厅空间设计　设计者：胡雅晨

图 8-2　旧建筑改造设计之中式餐厅
设计者：李倩倩

图 8-3　西餐厅空间设计

三、快餐店

快餐店的设计应着重体现一个“快”字，因此室内空间要求宽敞明亮，这样既有利于顾客和服务人员的穿梭往来，也能给顾客以舒畅开朗的感受。色调应力求明快亮丽，店徽、标牌、食品柜以及服务员服装、室内陈设等都应是系列化设计，着重突出本店的特色。将大部分桌椅靠墙排列，以岛式配置于房子的中央，这种方式最能有效地利用空间。靠墙的座位通常是4人或2人对座，也有少量6人对座的座位（见图8–5）。

四、自助式餐厅

自助餐是由宾客自行挑选、拿取或自烹自食的一种就餐形式。通常是中西餐结合，以中餐为主，西餐为辅，宾客就餐形式轻松随意，就餐效率快捷自主。根据其功能分为经营空间和服务空间。经营空间是核心问题，餐位数量的合理化和最大化，是每家餐厅追求的目标。其平面布局通常采用开放式的格局，一方面可使餐区看起来宽敞，其次还可丰富室内的景观。在空间布局上以交通流线的设计为骨架，强调宾客流线、弱化服务流线，令就餐过程更为轻松、服务更加优质（见图8–6、图8–7）。

五、宴会厅

大多数宴会厅常与大餐厅的功能相结合，同时考虑多功能使用的可能性，一般的宴会厅在临时分隔后兼有礼仪、会议、报告等功能。宴会中设有小型舞台，供活动发言时使用，舞台靠近贵宾休息室并处于整个大厅的视觉中心的明显位置，其使用特点是会产生短时间大量并集中的人流，因此宴会厅一般都有单独通往饭店外的出入口，且该出入口与饭店住宿客人的出入口分离，并相隔适当的距离（见图8–8）。

六、酒吧与咖啡厅

酒吧和咖啡厅与其他餐厅的不同之处在于它的社会性和民俗性。其往往是一个社交场所，它们是一种外来餐饮形式，追

图8–4　西式餐厅

图8–5　快餐店

图8–6　自助式餐厅

图8–7　自助式餐饮的空间布局

求异国情调。酒吧与咖啡厅的装饰风格，是其文化内涵外化的主要形式，也是其室内设计的重要内容。不同风格类型的酒吧与咖啡厅对色彩和装饰合理配置及运用上有着不同的要求，满足特定人群的情感诉求，使酒吧与咖啡厅结合多元化元素，浑然一体地烘托出其主题文化的情境。酒吧的灯光色彩一般较暗，更加注重营造空间的气氛（见图 8-9）。咖啡厅和西餐厅的设计有些相似，只不过空间相对更小，一般多为欧式的设计（见图 8-10）。

七、茶室

茶室一般具有地域性特色，以当地特有的风俗加以布置，其空间组合和分隔具有中国园林特色，人流组织上避免一目了然的处理方式，主次分明、婉转曲折是其

图 8-8　宴会厅

图 8-9　酒吧

图 8–10　咖啡厅

图 8–11　茶室　设计者：齐霖　张岩鑫

空间的主要特色（见图 8–11）。室内通常有极具特色的装饰物，窗帘、靠垫、纱幔、屏风、竹帘、盆景、鲜花等的摆放设计会影响整体的协调感和舒适感。竹藤木质家具是茶室布置的一个偏爱，它没有仿古家具那样庄重正式，而是一种返璞归真、清新自然的格调。

第二节　餐饮空间设计的原则

一、以市场需求为导向

餐饮空间设计需迎合市场，满足部分人群的消费心理，这直接关系到设计主题的定位以及室内空间装饰风格的选择。设计首先要基于市场定位，在以市场需求为导向的前提下进行。一家餐厅要在市场上立足和发展，其根本在于是否受到广大消费者的欢迎，也是其产品是否以市场为导向的重要因素。餐饮空间以盈利为目的，即具有市场经济性质，其设计与经营思路必定是要从消费者的喜好与需求的角度出发，这样才能设计出符合市场定位与发展趋势的室内空间。

二、空间形态多样化

餐饮空间应该是多样空间形态组合，人们喜欢空间形态的多样组合，希望获得多彩的空间。因此，要考虑空间结构形态的合理布置，表现出极强的区域划分的功能，使整个内部空间大中有小，小中有大，若分若合，形成功能各不相同的室内空间。所划分的餐饮空间的大小以及空间之间的组合形式，必须从实际出发，在设计中应当为必要的功能留出特定的空间来满足设计要求。

三、突出主题文化特色

餐饮空间装饰自然要突出主题文化，与此同时要注重空间的灵活性。餐饮空间设计的特色与个性化是餐厅凸显的重要因素，缺乏风格特色和文化内涵的餐厅缺乏营销的卖点和亮点。盲目堆砌高档装修材料和繁杂的装饰效果、忽视主题风格的表现和文化艺术气氛的营造是餐厅空间设计的大忌。餐饮空间非常注重体现主题特色与艺术个性，要巧妙地营造特有的主题风格和艺术氛围。

四、注重新的动态趋势

餐饮空间设计是一个动态调整的过程，长期不变的元素会使人感觉枯燥、单调、乏味甚至产生厌烦的心理，因此需要适当变动卖场，常常注入新的设计元素，能使餐厅持续保持一种活力。一般说来，不同的节日有着不同的含义. 可根据这些元素灵活变化餐饮内部形式，如窗帘的更换；绿色植物的调换，圣诞节雪山、动物、人物的设计，春节时运用中国元素等，使餐饮空间更具人性化和亲和力。

第三节　餐饮空间设计的要点

一、总体布局空间

大多数餐饮空间的总体布局是通过交通空间、使用空间、工作空间等要素的完美组织所共同创造的一个完整的餐饮空间设计。餐厅内部环境设计首先由其面积决定。从商业着眼，应以客流量来决定其面积大小，过小会造成拥挤，过大则会造成面积浪费、利用率不高反而会影响经济效益。秩序是餐饮空间的重要因素，由于使用面积有限，所以许多建材与设备，均应做经济有序的组合，以显示出形式之美（见图 8–12、图 8–13）。

二、空间动态流线

餐饮空间设计要满足接待顾客和方便顾客的属性与基本要求，表达其空间的审美品位与艺术追求。餐厅的通道设计应该流畅、便利、安全。因此顾客就餐活动路线与送餐服务路线应分开，避免重叠，同时还要注意避免主要流线的交叉。送餐路线不宜过长，并尽量避免影响其他用餐空间。当发生矛盾时，应遵循先满足客人的原则，通道时刻保持通畅，标识简单易懂。在大型的宴会厅应以配餐廊代替配餐间，以避免送餐路线过长（见图 8–14）。

三、色彩与材质的选择

色彩是营造室内气氛最生动、活跃的因素。环境色彩会直接影响就餐者的心理和情绪，食物的色彩会影响就餐者的食欲。当使用者置身于单一色彩环境中时，会引起使用者较强的心理反应，进而产生复杂的心理和情绪变化。如以白色为主的中间色

图 8–12　合理利用使用空间

图 8–13　具有秩序感的餐厅空间

图 8–14　合理的动态流线

调的空间中，会给人以圣洁、明亮、快乐的心理感受；红色为主的暖色调的空间中，会给人以兴奋、热情、冲动感。利用冷暖两种不同的色调错觉可以调和室内的空间感。

在现代餐饮空间设计中，要营造有特色、舒适、个性的休闲娱乐的就餐环境，通常是把不同的材料结合起来，把材料的肌理美和质地美充分发挥出来。就餐环境的气氛通过材质与肌理进行营造，材料的表面肌理的组织构成所产生的视觉感受可以进行环境的营造。材料的选择要符合功能的需要，地面材料坚实耐久，并且易清洗。立体墙面或隔离反映了设计水准和设计特色，具有虚实变化和符合审美比例尺度等技术要求。有些材料要选择具有吸音效果的，以改善用餐的声音环境。

在任何空间中，色彩一定是借助某种材料载体，呈现在人的眼前。材料的表面肌理传达着色彩信息，就餐环境的材料颜色决定了空间的色调倾向（见图 8–15、图 8–16）。

四、家具与陈设的选用

餐桌的大小要与环境相称，桌面应是耐热、耐磨的材料，餐桌椅的高度配合须适当，应避免过高或过矮的餐椅。餐椅一般不设扶手，这样在用餐时会有随便自在的感觉。但也有在较正式的场合或显示主座时使用带扶手的餐椅，以展现庄重的气氛或让使用者坐得舒适一些。而室内陈设可把室外的特征和景观引入，如增加绿色植物、山石、流水等，使室内充满大自然的气息。餐厅的软装饰，很大一部分是选择具有传统工艺特色的工艺品，如木雕、漆艺、剪纸、琉璃等来装点空间（见图 8–17）。

五、灯光照明的设计

针对餐饮空间的照明来说，主要有三种照明方式。首先是整体照明，整体照明主要是考虑照明在餐饮空间中的整体效果，用于大厅和走廊等场所照明，要确

图 8–15　色调高雅而富丽的形象空间

图 8–16　木质材料空间

图 8–17　餐厅家具的选择

图 8-18　茶室的灯光营造　设计者：李倩倩

定好照明在餐饮空间中的主题基调；其次是混合照明的方式，这种照明方式就要考虑整体照明与局部照明进行组合之后的效果。比如在比较高档的餐厅中要十分尊重顾客在用餐时的私人空间，可以在大面积设置亮度稍浅的光照，在每一桌的上方设置较高亮度的照明，这样就能凸显每一桌的私人空间，增加层次感；最后一种照明方式是局部照明，应用范围稍窄，由点光源照明更加独立，可以更加突出食品的各种颜色和形状，在必要的时候，可增加灯具或蜡烛进行二次补充光线，这样的照明方式主要用于突出餐饮空间中某一重点功能区的位置（见图 8-18、图 8-19）。

图 8-19　餐厅走道的照明设计
设计者：李倩倩

第四节 餐饮空间的内部规划

一、入口门厅、休息区

在餐饮空间设计中，入口区是独立式餐厅的重要交通枢纽，是顾客从入门到餐厅的过渡空间。为了让顾客在进入餐厅的第一瞬间就感受到良好的就餐氛围，简洁大气的入口和具有实用性的前厅是非常重要的。因此，入口装饰一般比较华丽、悦目（见图8–20）。应当在入口的正、侧立面处设店名、店标或表达企业精神的口号，以及展示其质量信誉的各种证明等。另外，门厅内的等候区和总台也必须合理地分配好空间，才能让顾客第一眼就享受于餐厅的用餐环境。

一般餐厅的休息区面向走廊、楼梯或电梯间，休息区常设迎宾台和顾客休息等候区。休息区与餐厅室内可以用门、玻璃隔断、屏风或绿化池来加以分隔（见图8–21）。

二、大堂、包间区

餐厅的大堂可以为家人或同事聚餐、同学聚会、各类宴会等提供一个就餐环境。在设计大堂的餐饮功能分区时，应该要充分考虑到各种条件，合理地分配出散座、卡座、四人桌、六人桌等来满足经营者和

图 8–21 等候区

图 8–20 入口处设计 设计者：李倩倩

顾客的不同需求（见图 8-22~ 图 8-24）。

包间区是餐厅的重要组成部分，它对于部分人群来说，很好地保证了私密性这一特点。我们可以针对不同的人群来设计不同种类的包间，包房的设计中较为私密的空间，因干净、不被打扰，表现出一定的安全感。其一，具有鲜明地方文化传统的特点，使顾客产生新鲜感；其二，与家一样符合生活习惯，使顾客感到亲切（见图 8-25、图 8-26）。

图 8-22 散座

三、厨房、卫生间

厨房应包括有关的加工间、制作间、备餐间、库房及厨工服务用房等。厨房的位置应与餐厅联系方便，设置单独的出入口，在规模较大时，还应设货物与工作人员两个出入口；各加工间均应处理好通风与排气，并避免厨房的噪声、油烟、气味及食品储运对公共区和包间区造成干扰；合理安排厨房区域内各工序流程及厨房内各种设备、器械和用具的具体位置。

厨房内部应合理布置，缩短工艺流线，避免多余往返交叉，既减少劳力、运输量，又有利于卫生要求，同时也要选择易清洁、防水的地面、墙面材料，来确保厨房内的

图 8-23 卡座 设计者：胡雅晨

图 8-24　四人桌　设计者：李倩倩

图 8-25　包房　设计者：齐霖　张岩鑫

设施安全、干净。厨房生产中主要的工序如下：进货和领用原料、粗加工（宰杀、泡发等）、洗涤、切配、烹调、冷菜制作、甜点制作、出品、收台、餐具洗涤等。厨房的面积在餐饮面积中应有一个合适的比例。通常，厨房除去辅助间之外，其面积应是餐厅面积的 40%~50%，占餐饮总面积的 21%左右（见图 8–27）。

卫生间设计是一个餐饮空间设计整体风格的延续，在选用装饰材料上要和整体设计相呼应。卫生间要保持消费者最基本的私密性和人性化，最好配置一个明亮的前室，一是为了遮挡视线，二是防止串味。卫生间是公共区域，在营业高峰期，人流会较为密集，因此，平面布局应该做到人流流线直接顺畅，男女卫生间的导向标识醒目鲜明。如果有条件最好设立一个残疾人专用卫生间；洗手台上方尽量有镜子，并配有干手器或纸巾等，让消费者感到人性化（见图 8–28、图 8–29）。

四、服务区和管理区

服务区的位置应根据顾客座位的分布来设置，尽量让服务区照顾到每一位顾客。服务区的功能有：提供餐饮服务、传递顾客信息、陈列餐饮商品、展示餐厅形象、收银结账等。另外，一些中小型餐厅的服务台还承担暂时保管顾客物品的功能（见图 8–30）。总服务台应设在显著的位置上，服务台的周围应有宽敞空间，长度要考虑工作人员的数量和服务范围，有酒水服务功能的应配置酒水柜和酒水库房。服务台的位置要靠近入口门厅，并与餐饮区相邻，而且服务台的体量不宜过大，以免占用餐厅的营业面积。在造型设计上，服务台的外观应该要体现餐厅特色，吸引顾客眼球。管理区则需要能方便地进入餐饮空间，及

图 8–26　包间　设计者：胡雅晨

图 8–27　餐厅厨房设计

图 8–28　主题餐厅卫生间设计

图 8–29　中式餐厅卫生间设计　设计者：李倩倩

图 8–30　服务台

时掌握和了解经营情况。

广州市天河区 M 餐饮空间设计（见图 8–31）。

M Dining Hall 占地面积为 200m²，产品定位以牛排为主营，设计风格以现代工业为主，主要设计特点为不规则的入口设计以及墙面空间划分。主材为钢材和混凝土，一些具有现代感的装修元素比如黑色的钢铸结构，以及仿工业风的艺术墙，这一切让这里具有现代的工业美感。家具色彩上的选用与之形成鲜明对比：温暖的灯光衬托出舒适的皮革沙发与座椅。光线透过规则型的线形落地玻璃窗，打破光线的完整性，使之与不规则的空间相互衬托、极具现代美感。餐厅设有可供 1~8 人享用的餐桌，可接待人数为 76 人，且规划出了商务区和聚会区，使空间呈现出或动感热闹或轻松惬意的氛围。

图 8–31　广州市天河区 M 餐饮空间设计　设计者：李倩倩

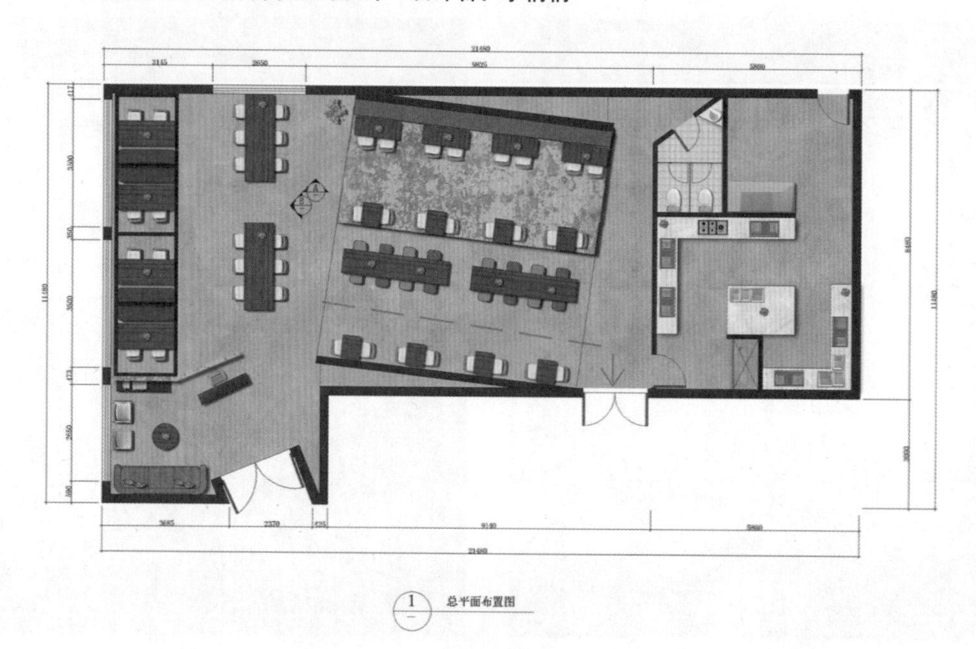

平面布置图

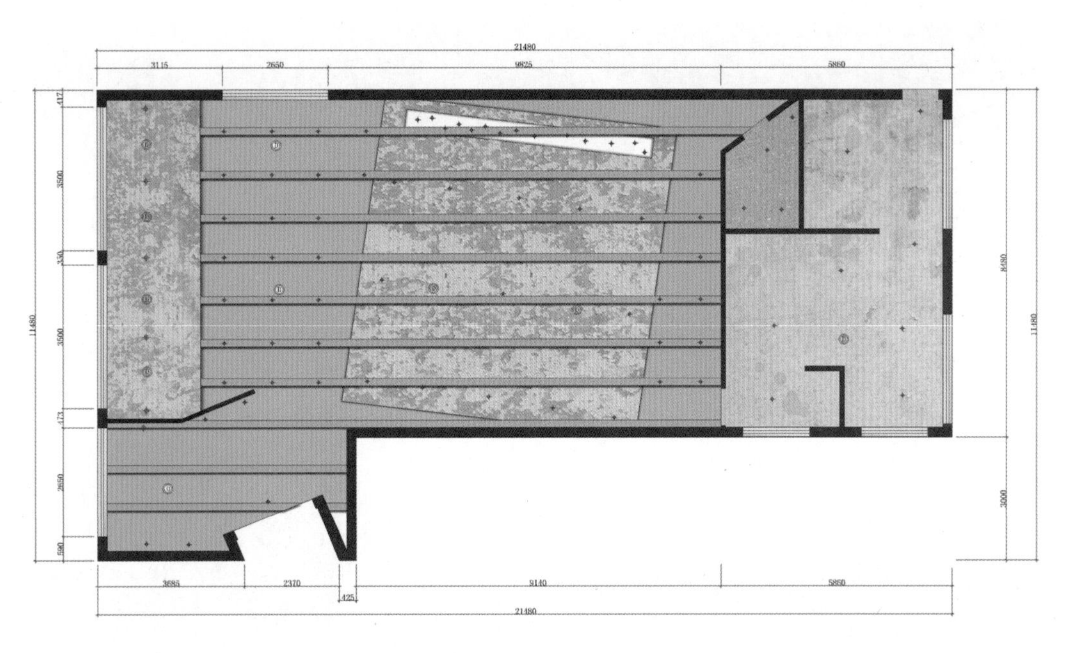
21480
3115
2650
9825
5880
417
3500
350
3500
473
2650
590
11480
8480
11480
3000
3685
2370
425
9140
5880
21480
2 天花布置图

天花布置图

1800
1027
2650
1420
7310
3072
17356
A 餐厅立面图
350
2650
473
3500
350
3500
177
11000
B 餐厅立面图

立面规划图

餐厅效果图　设计者：李倩倩

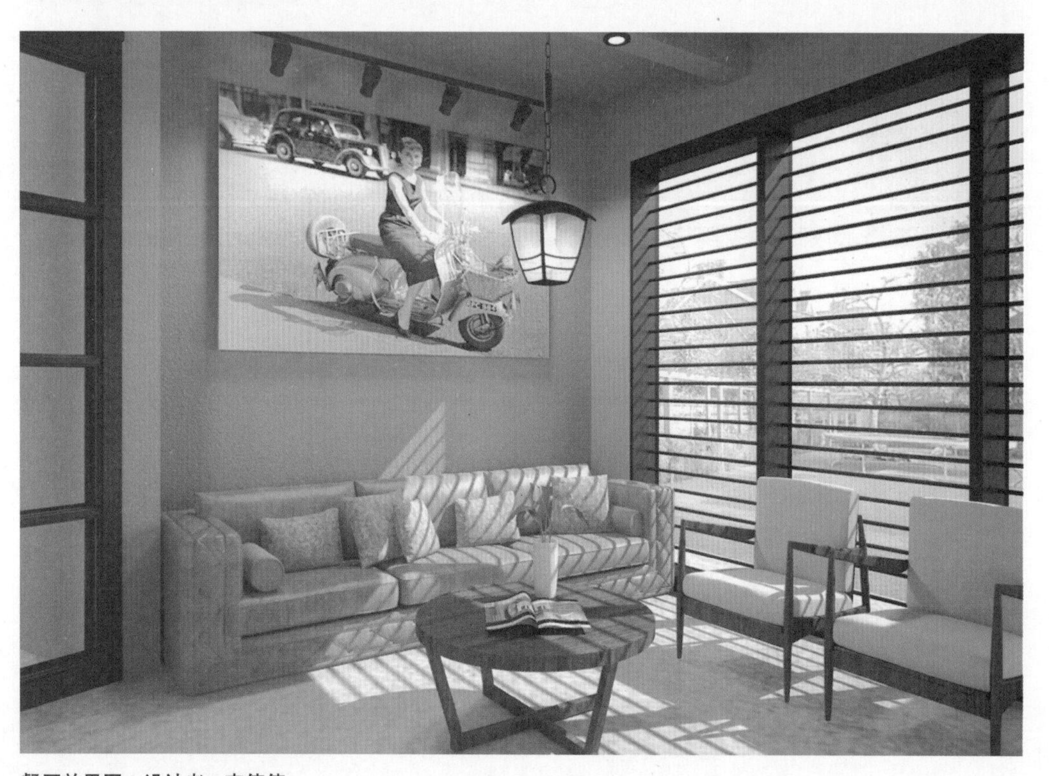

餐厅效果图　设计者：李倩倩

餐厅效果图　设计者：李倩倩

餐厅效果图　设计者：李倩倩

第九章　展示空间设计

DISPLAY SPACE DESIGN

第一节　展示空间的分类

一、文化空间

展示空间设计种类繁多，表现内容和展示性质复杂多样。在不同的环境条件和展览内容上可分为以下类型。

1. 按展示的动机和功能分类

（1）观赏型展示（包括文物、珍宝、美术展）（见图 9–1）。

（2）教育型展示（包括政治、历史、成就、宣传展）（见图 9–2）。

（3）推广型展示（包括各种科技成果展）（见图 9–3）。

（4）交易型展示（包括各种展览会、交易会、洽谈会以及购物环境展示等）（见图 9–4）。

2. 按展示的内容和性质分类

有综合型、专业型、命题型或经贸商业展示和人文自然展示。

3. 按照展示设计的目的，动机，设计初衷，暂且将展示设计归为两个大的类型：

（1）文化类空间展示，文化类空间属于一类，可能附加营利性质，但主要以公益宣传、环境保护、教育科技等公益性展览宣传为主要目的。

（2）商业类空间展示，以盈利为主，为创造利益或者对展品起到推广作用并且达到广告效果为主要目的空间展示，我们称之为商业展示设计空间。

图 9–1　香港巴塞尔艺术展

图 9-2　南京大屠杀纪念馆

图 9-3　teamLab 舞动艺术展

图 9-4　德国科隆家具展

二、博物馆

博物馆为长期性展览，多为历史沿革、地方志等，我国各地均有。博物馆专业性较强，如果是历史性博物馆，不仅要通过文物把历史人物、事件、战争的来龙去脉讲清楚，还要在设计空间中创造时代气氛，充分表现时代的特点，要严格尊重它的性质和特点。在博物馆类型的展示空间设计中存在很多不同类型的性质空间，根据历史性、民族性、地域性、文化习俗和生活习惯等性质特点，大致可分为自然博物馆展示空间、地质博物馆展示空间、天文博物馆展示空间、园囿博物馆展示空间、军事博物馆展示空间、民俗博物馆展示空间、纪念性博物馆展示空间等（见图 9–5~ 图 9–10）。

三、商业展示空间

以盈利为主要目的是商业展示空间的突出特点，通常以展销会的形式出现，展示的同时伴随着推销和广而告之的作用。商业展示在现今市场经济竞争激烈的情况下，不仅仅可以收集信息，促销产品，密切联系商家与消费者之间的关系，对新产品进行展示、发布等，更是一个廉价却又能迅速带来大量消费者信息的手段。为展示产品和技术、促进销售、传播品牌提供了一个良好的平台。商业展示注重形状、颜色、空间等，充分利用视觉、感官、触觉并且运用试听演示等设计手法对商业展示空间进行设计（见图 9–11）。

四、博览会、展览馆

博览会属于展览馆的一种，但展示内容广泛，规模庞大，参展者数量较多，是对社会文化以及经济发展的概括，是展览会形式中档次较高的文化实力、经济实力、设计实力的体现，是各国综合实力的展现。由 1851 年发展至今的世界博览会就是博览会的最好实例（见图 9–12）。

展览馆展出的内容一般多为成就展，比如工业产品、农业产品、新科技、新技术的成就等。在设计中要考虑展览与博物馆所追求的气氛有所不同，应内容要求，展览成就时往往要活跃、明快、火爆，甚

图 9–5　上海自然博物馆

图 9-6　中国地质大学博物馆

图 9-7　北京天文博物馆

图 9-8　荷兰军事博物馆

图 9-9　宝鸡民俗博物馆

图 9-10　南昌八一起义纪念馆

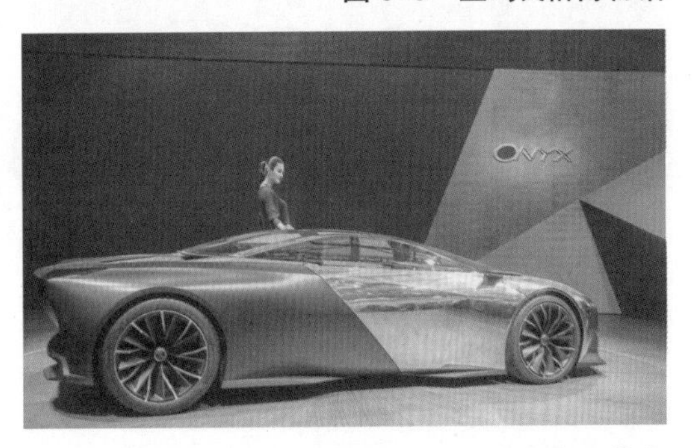

图 9-11　上海汽车展览会

至要有动感，色彩对比要强烈，给人一种喜庆丰收的意念。交流意识很突出的展览会——世界博览会、国际交易会等，它们既是展览会也是商业交易会，其展品不单是起到观赏功能，同时也是商品。通过展览促进销售，也叫展销会，是社会发展经济的好办法，也是工业、农业、科技等的实力较量与竞争。所以设计这类展览时，要突出取得辉煌成就的气氛。在展览的过程中，由于展期的需要，可定为长期展览或短期展览（见图 9-13）。

五、专卖店

专卖店展示空间当中，产品售卖类型在很大程度上决定了专卖店的设计风格趋向。按照产品种类的不同，我们对几种常见的专卖店展示空间进行了如下分析。

1. 服装专卖店（见图 9-14）

根据产品的不同而变换展示手法。不

图 9-12　上海世博会中国馆

图 9-13　国际体育用品博览会

图 9-14　服装专卖店

同展品的专卖店展示空间差异较大，例如服装专卖店可能需要模特作为展示平台，需要置衣架放置叠放整齐的衣物，需要衣架挂放须保持垂感的衣物等。

2. 茶具专卖店（见图 9-15）

茶具专卖店放置茶盘、茶桌、制茶流程道具等，在现场制茶时闻着茶的香味，一边观赏茶具，一边品茶，是比较理想和优雅的展销方式，对茶叶的品牌档次也起到提升的作用。

3. 香水专卖店（见图 9-16）

香水专卖店对店面整体气质的把握需要仔细推敲，是优雅的，高贵的，抑或甜美的，一般需要较多的展示柜摆放香水，玻璃的运用在香水专卖店当中会显得冷艳高贵。

4. 床上用品专卖店（见图 9-17）

床上用品营造舒适而温馨的环境是

首选。

六、体验馆

体验馆的主题根据内容而定，主题种类繁多，常见的主要有四种。

1. 科技馆（见图 9–18）

根据主题设计科技馆，使得设计师更加得心应手。每种展馆都有其主题。例如科技馆，以科技为主题对空间进行设计，科技代表着高新技术和未来，代表着便捷、高产出、神秘、变幻莫测以及冷漠。对科技了解甚少的人对科技抱有对未知的崇拜姿态，抓住科技主题馆的此类特点，对科技馆进行空间风格定位，注重科技馆展示产品的安全保护设计，更加要考虑参展者对科技产品的体验效果。

图 9–15 茶具专卖店

2. 海洋馆（见图 9–19）

海洋馆以海洋生物为主题进行展示，此类展馆需要满足海洋生物的生存必备条件，对海洋生物的原生存条件进行模拟，也要满足游客的猎奇心理以及观看便捷性，玻璃恰好满足了这个条件，既可以将海洋生物与游客隔开，保护双方的身体安全，也能满足游客观看的便捷性。

3. 产品展销会（见图 9–20）

产品展销会是对于新型产品的解说、介绍与推销，将产品营销与产品介绍完美地融合在一起是最好的状态。

图 9–16 fresh 香水专卖店

图 9–17 床上用品专卖店

图 9–18 航空科技馆

图 9-19　海洋馆

图 9-20　电子产品展

4. 儿童游乐园（见图 9-21）

儿童游乐园的功能不仅仅是娱乐，在满足儿童玩耍和帮助增长儿童智力和动手能力的同时，也对保护儿童的人身安全有着极高的要求，那么儿童游乐园的设计要点就不仅仅是趣味性和教育性，更要考虑

图 9-21 儿童游乐园

安全性。

第二节 展示空间设计的原则

一、目的性原则

展览策划起始于展览目标的选择，落实于展览目标的实现，体现在每一个展示设计的细节。展台反映参展企业形象、能吸引观众对其留下印象；展品能体现出其特征，并能方便参观者观看是成功的设计。在商业博览会上，展览是开展商业的手段。展台是参展企业开展商业工作的环境，展台本身并不是目的；同理，展品是参展企业开展商业的工具，展览产品本身也不是目的。展厅设计不是要求设计人员按自己的思路创造出一件艺术品，而是要求设计人员使用技术和创造性反映、表现参展企业的意图、风格和形象，达到参展企业所期望的目的和效果。

二、艺术性原则

展示空间的设计有多种因素，需要用艺术手法去组合这些因素。使其能产生最佳的视觉效果和良好的心理效应，这是展览设计的基本要求。观众对展示空间的第一印象是枢纽，这一眼决定了其是否吸引了观众，还是失去了潜伏客户。因此，展台的第一作用是吸引参观者留意，并使其产生兴趣；第二作用是吸引参观者走进展区，仔细观看展品。展示设计工作要讲究艺术性，但是应留意避免华而不实。

三、科学性原则

展览策划是一个创造性的思维活动，但它不是为所欲为的，而是具有严谨的科学性。这首先表现在展览策划要遵循一定的程序：在采取展览宣传步履之前，必须对市场形势、消费者立场、社会环境、竞争对手的情况进行周密的调查研究；然后，根据所把握的资料和信息进行综合分析，找出题目的枢纽点，确定展览目标，拟订展览计划及其详细实施方案；最后还要对展览效果进行评估，直到实现企业的展览目标和营销目标。

四、灵活性原则

因为竞争日趋激烈，需求水平和结构不断更新，市场环境变化很快。在这种情况下，即便是一个最适当的展览策划，也会因市场环境、约束前提和影响因素的变化而不得不调整。现代展览策划在一方面体现出其科学性的同时，还具有相称的灵活性。这主要归结于现代展览策划流程不是一个单向的决议计划流程，而是一个双向的环流状的决议计划流程。从最开始的展览调研到最后的展览效果评估，针对市场和消费反应的变化，能及时调整和修正其方案，使得整个展览策划流动能保持充分的灵活性。

五、功能性原则

展示设计还应当是功能性的，展示设计职员在考虑设计外部形式、形象时，也需要考虑内在功能，也就是要为展台的职员和展台工作提供良好的环境和前提。因为展出目的的实现最终要靠展台职员，展台职员的工作效率最终决定展出效果。在恬静、功能齐全的环境里，展台职员可以更有效地工作。

第三节　展示空间设计的要点

一、空间的平面规划

以总体设计原则为前提，拟定总体平面设计方案。如空间构成形式、道具的造型以及局部设计与整体规划的风格一致。功能空间配置与展品的陈列，应按总的平面规划的次序以及展品本身的使用过程、生产流程和技术程序进行陈列。

大型展品陈列应陈列设置于地面层之上，以方便配套能源或水源、气源的安装，并创造最佳的视域。预算每日需接纳观众的数量，以及观众的需求，将人性化设计体现在展示空间平面规划中。

平面规划布局和构成应以满足陈列、演示、交流、营销和客观疏导等需要为前提，以达到展示空间的合理使用和空间组合的自然协调。展品陈列在空间布局上尤为重要，设计得当的展品陈列密度不仅可以提高展示的效率，也能使观众在轻松的气氛中观赏展示对象。而过大或过小的陈列密度，都会影响展示的整体效果。利用隔板和道具，设计师可以将空间任意分割组合，在纵向角度上，可以分为整体开放(通透)、半开放半封闭、围合这几种形式（见图9–22）。

二、空间的展示形式

展示设计的空间最大的特点是具有很强的流动性，所以在空间设计上采用动态的、序列化的、有节奏的展示形式是首先要遵从的基本原则，这是由展示空间的性质和人的因素决定的。这就要求展示空间必须以此为依据，以最合理的方法安排观众的参观流线，

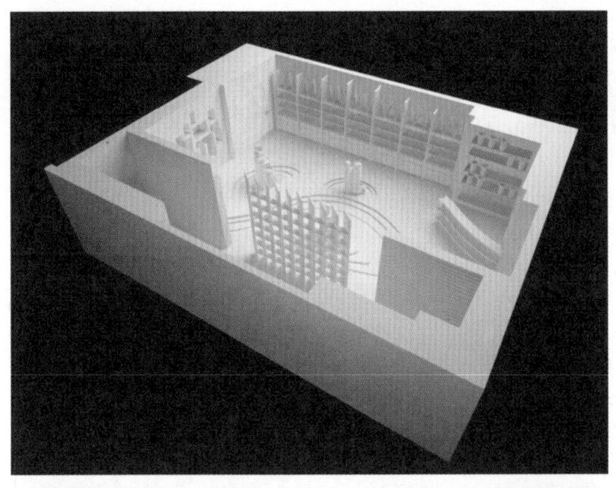

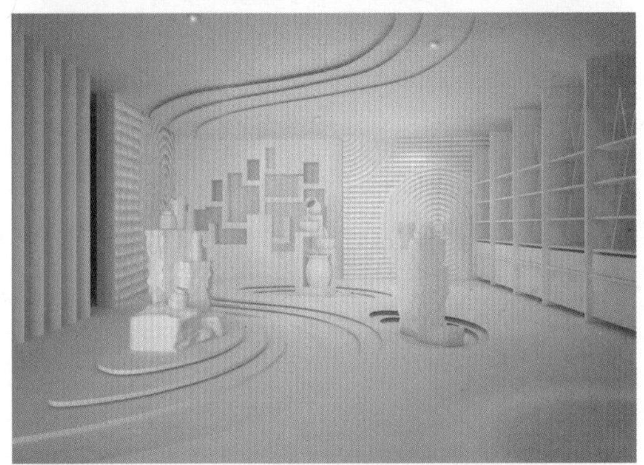

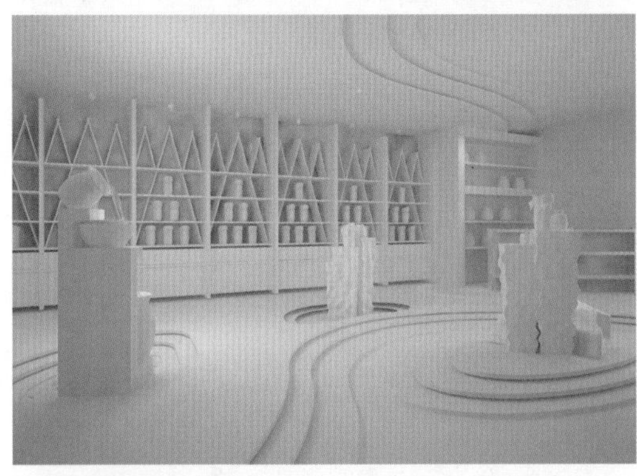

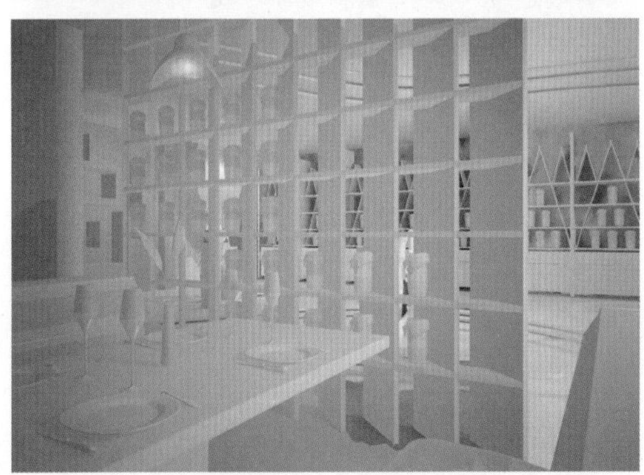

图 9–22　TWG 专卖店设计　设计者：李倩倩

使观众在流动中，完整地、经济地介入展示活动，尽可能不走或少走重复的路线，尤其是不在展示的重点区域内重复，在空间处理上做到犹如音乐旋律般的流畅，抑扬顿挫、分明有致，使整个设计顺理成章。在满足功能的同时，让人感受到空间变化的魅力和设计的无限趣味（见图 9–23）。

三、空间的人性化设计

展示设计空间的基本结构由场所结构、路径结构、领域结构所组成，其中场所结构属性是展示空间的基本属性。因为场所反映了人与空间这个最基本的关系。它体现了以人为主体。通过中心、方向、区域，协同作用的关系“力”，即“突出了社会心理状态中人的位置”。

人赋予了展示空间的第四维性，使它从虚幻的状态通过人在展示环境中的行动显现出实在性，同时人在对这种空间的体验过程中，获得全部的心理感受。

展示设计需要满足人在物质和精神上的双重需求，这是在进行展示空间分析时的基本依据。人类需要舒适和谐的展示环境，声色俱全的展示效果，信息丰富的展示内容，安全便捷的空间规划，考虑周到的服务设施等，这些都是人类在精神上对展示设计提出的要求。这就需要设计师仔细地分析参观者的活动行为并在设计中以科学的态度对人体工程学给予充分的重视，使展示空间的形状、尺寸与人体尺度之间有恰当的配合，使空间内各部分的比例尺度与人们在空间中行动和感知的方式配合得适宜、协调，这是最基本的空间要求。

图 9–23　服装品牌展示空间设计　作者：张爱萍　指导老师：张岩鑫

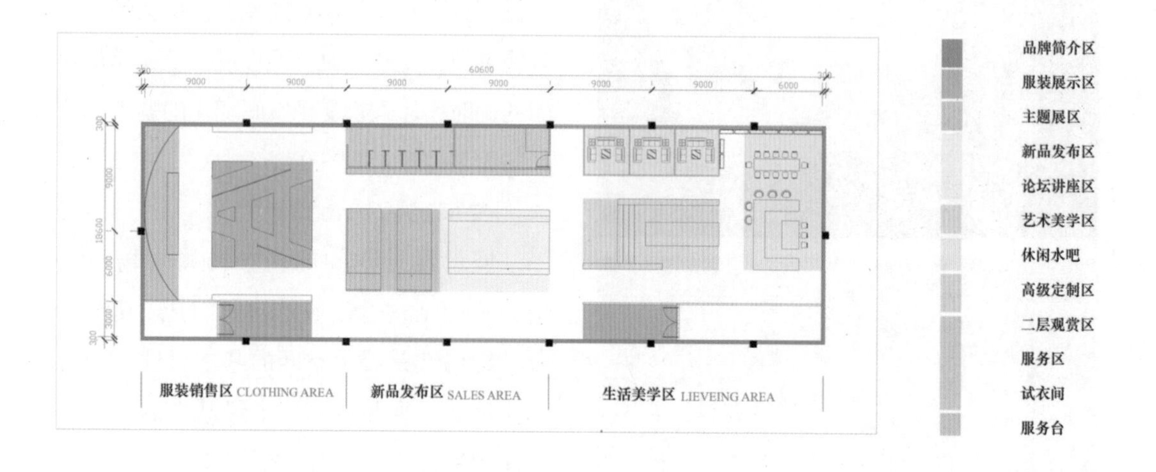

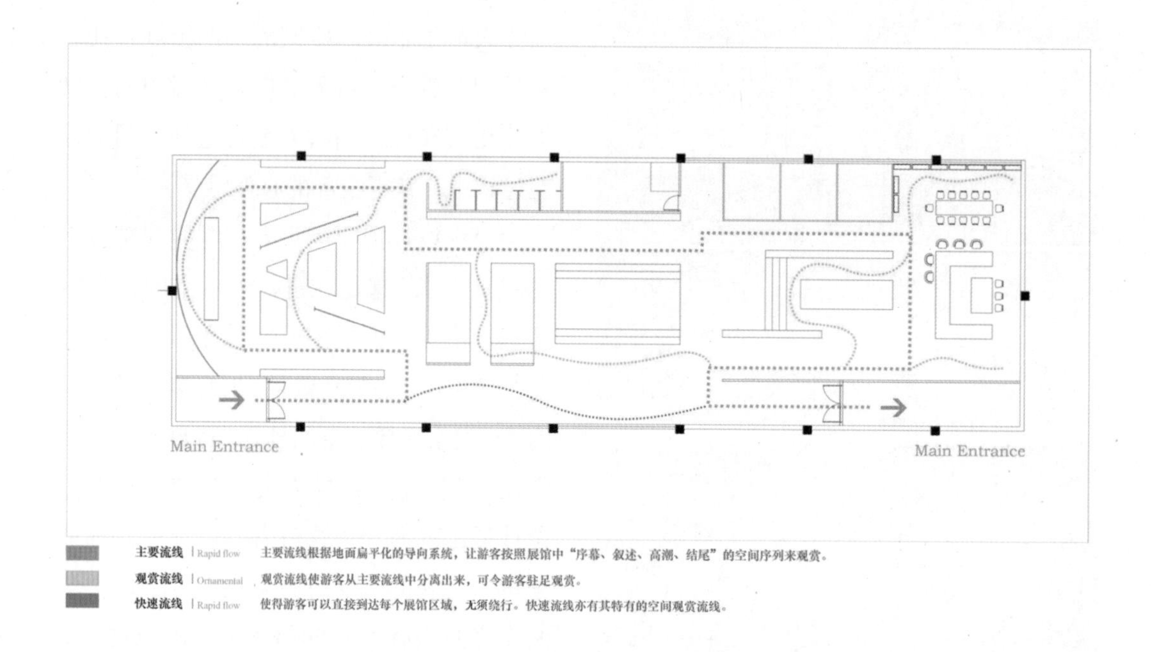

主要流线 | Rapid flow　主要流线根据地面扁平化的导向系统，让游客按照展馆中“序幕、叙述、高潮、结尾”的空间序列来观赏。

观赏流线 | Ornamental　观赏流线使游客从主要流线中分离出来，可令游客驻足观赏。

快速流线 | Rapid flow　使得游客可以直接到达每个展馆区域，无须绕行。快速流线亦有其特有的空间观赏流线。

设计者：张爱萍 指导老师：张岩鑫

设计者：张爱萍 指导老师：张岩鑫

第四节　展示空间的内部规划

展览空间分为外围空间、陈列空间、销售空间和演示交流空间。辅助空间包括共享空间和服务设施空间，共享空间又包括过渡空间、通道空间、休息空间。展示设计就是对这些功能空间进行合理规划，处理好它们在室内空间中的关系。

一、展览空间（见图 9–24~ 图 9–28）

1. 外围空间

包括展馆上部空间和展馆周围地域空间两部分。展馆上部空间是展览建筑形象的延伸与扩展，利用外墙灯光夜间进行照明装饰，可增加展示效果的完整性。周围地域空间，主要指正门前的门饰、旗帜等占据的空间，这里往往能给参观者带来展示效果好坏的第一印象。

2. 陈列空间

包括室外和室内展示空间两部分。展示空间又称信息空间，是陈列展品、模型、图片、音像、展示柜、展架、展台等物品的地方。这个空间的大小是由展品的大小、数量和每天接待参观者的数量决定的，应处理好展品与人、人与空间的关系。

3. 销售空间

包括卖品部和洽谈间两部分。观众多的展览，卖品部可设在展示区的结尾部位；观众少的展览，可将卖品部设在展示区内观众较少的部位。展示与洽谈空间往往合为一处，也可单独封闭设立。

4. 演示交流空间

大型的演示活动（如时装表演等），需要有一个专门供表演和观看的大空间；个人的小型表演（如编织、茶道等），大多在展品陈列区选一空间做演示。一些不便现场演示的内容，可以制作成录像片，在陈列区进行定时播放。

二、辅助空间（见图 9–29、图 9–30）

1. 共享空间

共享空间是供大众使用和活动的区域。

图 9–24　外围空间

图 9–25 陈列空间 设计者：李倩倩

图 9–26 展示空间 设计者：陈如栢 指导教师：张岩鑫

这个空间的进出必须方便，有足够的使用面积，过道的宽度可以容纳一个人站着或弯着腰观看，而其他两个人可以从其身后通过，还应留有足够的空间让人们谈话与交流而不影响其他参观者，以及提供休息饮水的空间。具体来说，通道空间的大小流向设计要考虑观众流量、流速、重点陈列品的最佳视距、演示的吸收力与演示时间等因素，应注意对走向进行变化设计，避免平直、单调；交谈逗留区域往往设在单元与单元之间、展区与展区之间、展厅与展厅之间的空间过渡区；休息空间一般设在过渡空间内，或设在展览区内，如沿展览建筑内壁四周、柱子四周，或在观众主要流向侧边缘设立休息座位，较便于观众休息。

图 9–27　销售空间

2. 服务设施空间

主要包括储藏空间、工作人员空间和接待空间三部分。储藏空间：一些临时性的展示活动都须向观众发放一些简介性质的小册子、样本、样品，这个空间主要用于资料的收存。工作人员空间：展示会上都应为管理及工作人员准备一个空间，用于休息及饮水。这样的空间一般设立在展示道具的建筑立柱的交接处，如不同展区、展厅的衔接处或展示媒体背后多余的空间里，它的出入口应尽量隐蔽。接待空间：这个空间是为接待一些重要的参观者而设立的，可摆放一些饮料、放映一些录像片

图 9–28　演示交流空间　设计者：张远　指导教师：张岩鑫

等。在固定的博物馆展览空间内，这一部分往往作为展示建筑功能的一部分而固定存在。在临时性的展示活动中，需临时进行搭建，用于接待贵宾和贸易洽谈。

图 9–29　共享空间　设计者：张远　指导教师：张岩鑫

图 9–30　接待空间

深圳市龙华新区 odbo 服装专卖店设计（见图 9-31）。

obdo 为中高端服饰品牌，本方案专卖店设计以黑白色现代简约风格为主，继承发展品牌的独特设计风格，突破传统，创造革新，重视功能和空间组织，注重发挥结构构成本身的形式美，造型简洁，没有多余装饰。本方案的亮点在于地面、墙和天花以阶梯为媒介，巧妙地把整个空间融合贯通，把二维和三维相结合，给人一种视觉享受和冲击力，留给人们一种发散式的想象力。本方案崇尚合理的构成工艺，重视材料的特性，讲究材料自身的质地和色彩的配置效果，发展非传统的以功能布局为依据的不对称的构图手法，将储物间与更衣室融合在阶梯式的空间之下，讲究线条的简约与空间的个性化相结合，使有限的空间发挥最大的使用效能。

图 9-31　深圳市龙华新区 odbo 服装专卖店设计　设计者：李倩倩　指导老师：李女仙

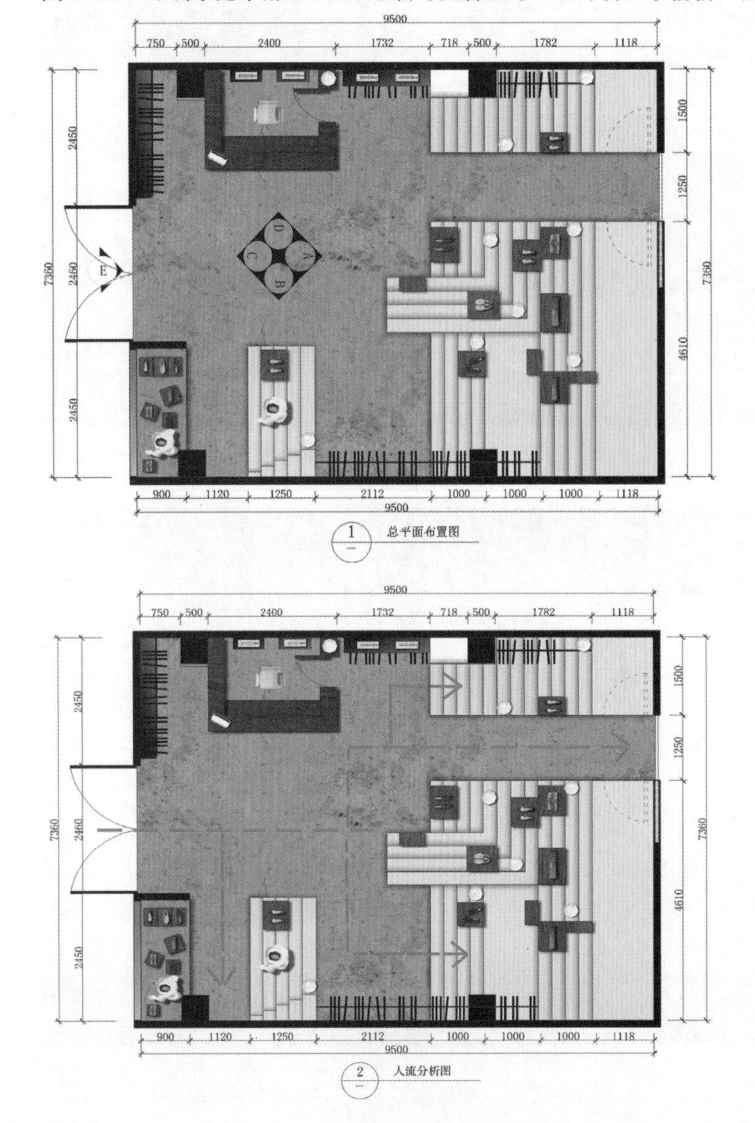

平面布置图

人流分析图

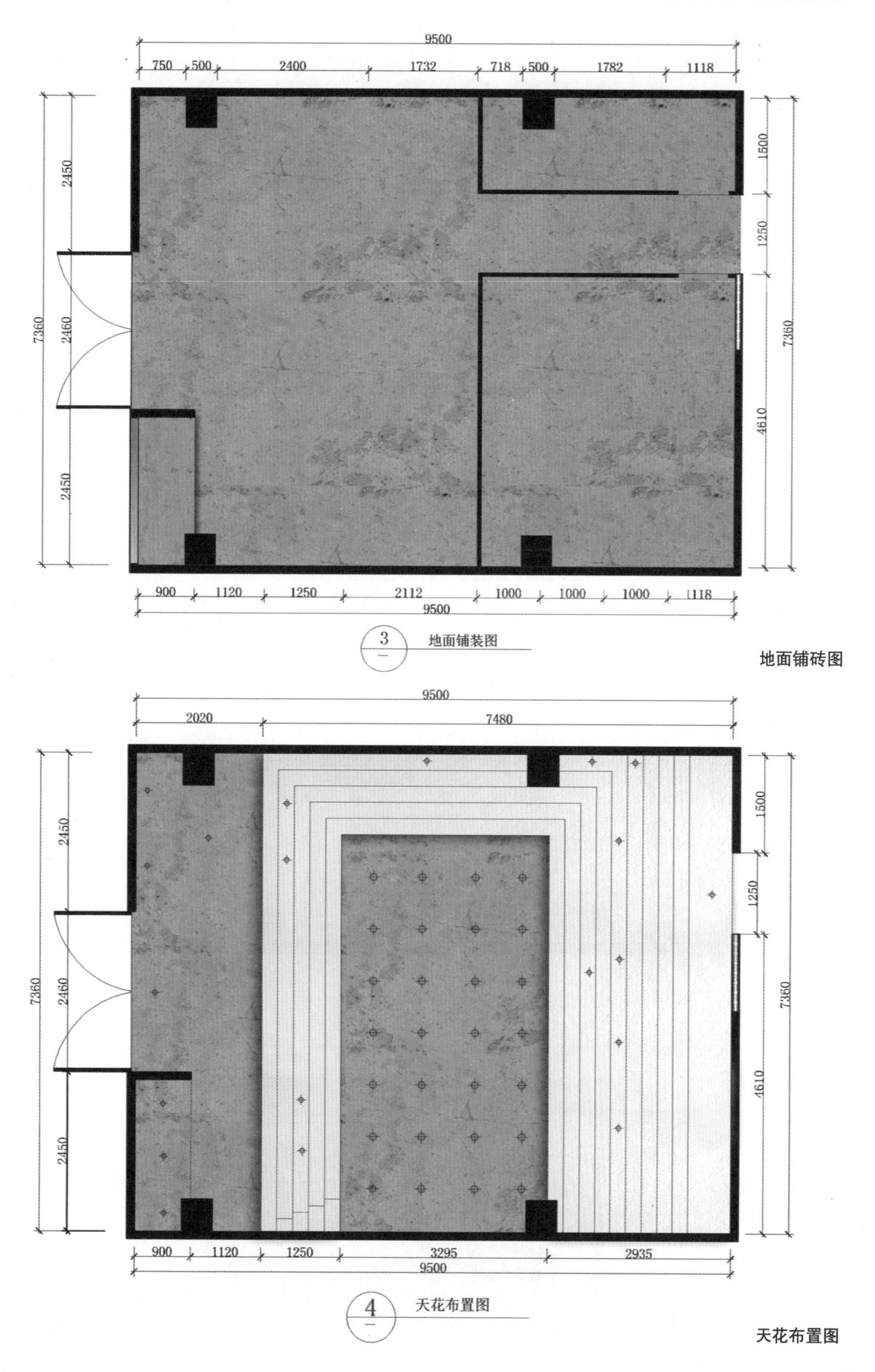
9500
750 500 2400 1732 718 500 1782 1118
2450
2460
2450
7360
1500
1250
4610
7360
900 1120 1250 2112 1000 1000 1000 1118
9500
3
地面铺装图
9500
2020 7480
2450
2460
2450
7360
1500
1250
4610
7360
900 1120 1250 3295 2935
9500
4
天花布置图

地面铺砖图

天花布置图

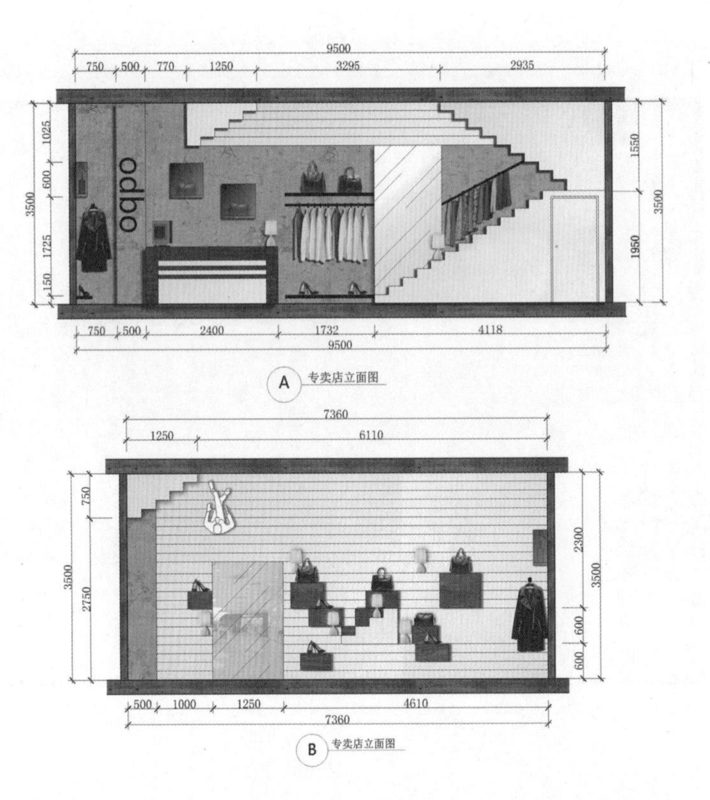
9500
750 500 770 1250 3295 2935
1025
600
1725
150
3500
1550
1950
3500
750 500 2400 1732 4118
9500
A 专卖店立面图
7360
1250 6110
750
2750
3500
2300
600
600
3500
500 1000 1250 4610
7360
B 专卖店立面图

立面图

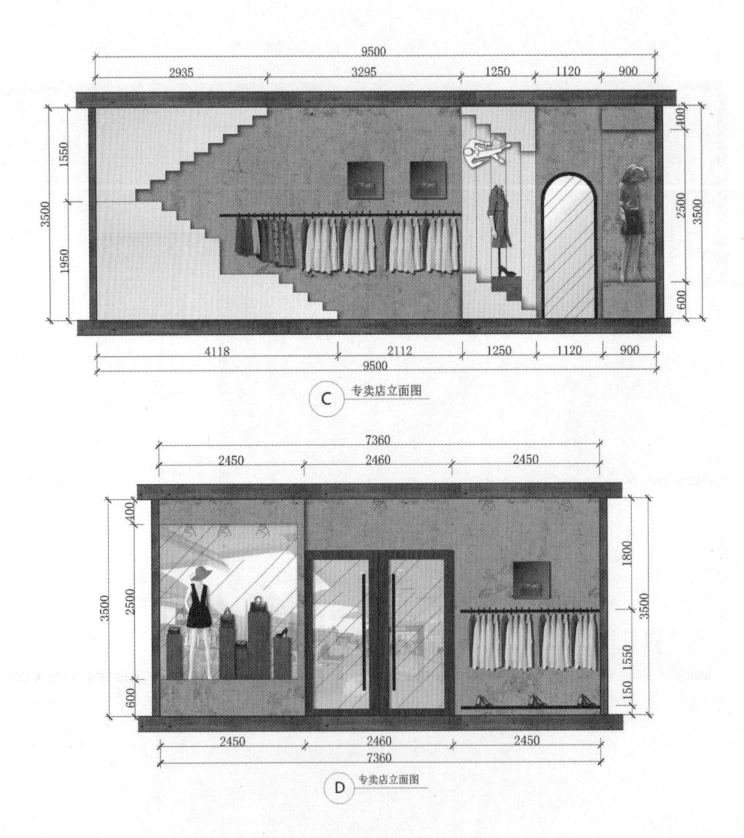
9500
2935 3295 1250 1120 900
1550
1950
3500
400
2500
600
3500
4118 2112 1250 1120 900
9500
C 专卖店立面图
7360
2450 2460 2450
400
2500
600
3500
1800
1550
150
3500
2450 2460 2450
7360
D 专卖店立面图

立面图

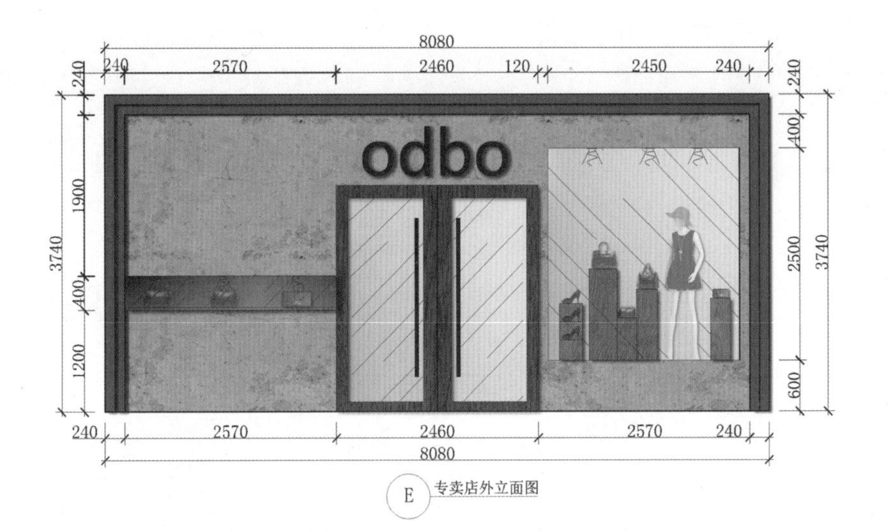
8080
240
2570
2460
120
2450
240
odbo
3740
1900
400
1200
2500
600
240
2570
2460
2570
240
8080
E 专卖店外立面图

外立面

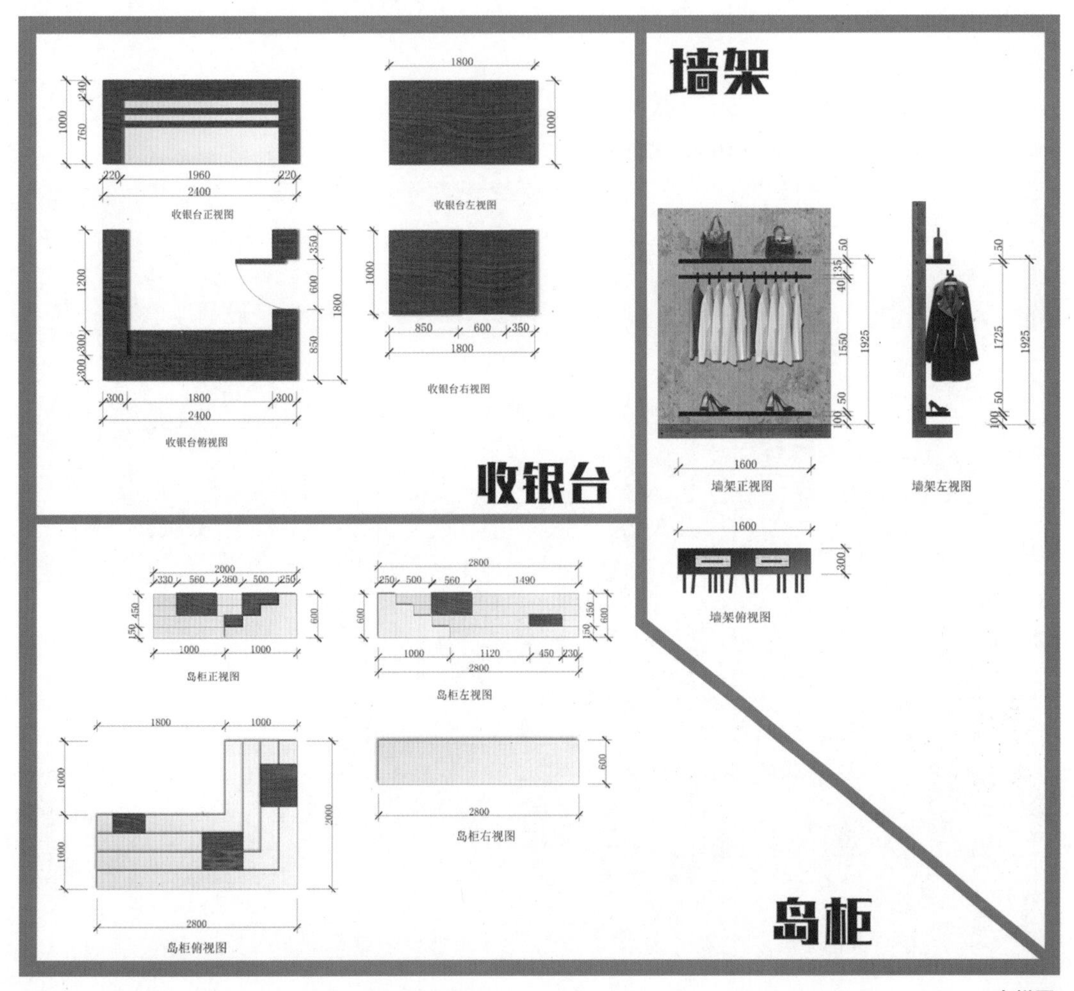
收银台正视图
收银台左视图
收银台俯视图
收银台右视图
收银台
墙架
墙架正视图
墙架左视图
墙架俯视图
岛柜正视图
岛柜左视图
岛柜俯视图
岛柜右视图
岛柜

大样图

odbo 服装专卖店效果图　设计者：李倩倩　指导老师：李女仙

odbo 服装专卖店效果图　设计者：李倩倩　指导老师：李女仙

odbo 服装专卖店效果图　设计者：李倩倩　指导老师：李女仙

odbo 服装专卖店效果图　设计者：李倩倩　指导老师：李女仙

odbo 服装专卖店效果图　设计者：李倩倩　指导老师：李女仙

odbo 服装专卖店效果图　设计者：李倩倩　指导老师：李女仙

odbo 服装专卖店效果图 设计者：李倩倩 指导老师：李女仙

附录　装饰工程预算

THE APPENDIX DECORATION PROJECT BUDGET

装饰工程造价确定程度表

工作阶段	投资文件	具体表现内容及使用
项目建议书	投资估算文件	装潢范围、估算项目及大致装潢标准
可行性研究报告	投资估算文件	确定装潢标准，根据装潢内容估算造价
初步设计	初步设计概算文件	装潢设计方案及装潢造价确定，要求控制装潢部分的投资
施工图设计	施工图预算文件	确定详细的装潢工程造价，提供工料总量，供投标使用，包括有关部门装潢的内容标准及范围

装潢工程费用划分表

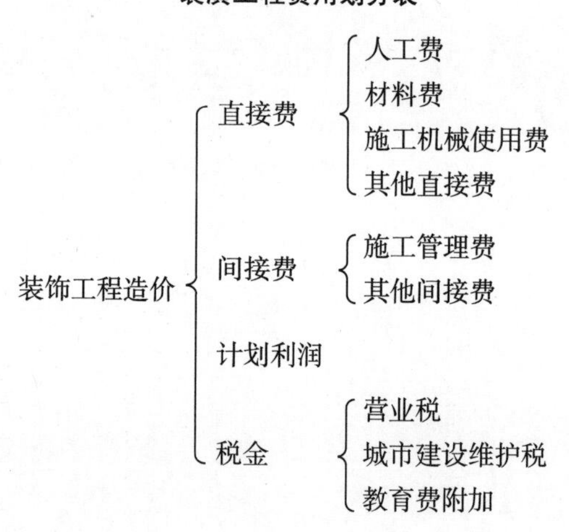

某装饰工程综合取费明细表

工程编号	工程名称及规格	计算单位	数量	单位价值	总价	其中：工资	
						单价	合价
1	定额直接费				34 732		6 167
2	雨季拖工费（6 167 × 1.87%）				115		
3	流动施工津贴（6 167 × 13.82%）				852		
4	三项其他直接费（6 167 × 7.86%）				485		
5	现场经费、临时设施费、间接费、计划利润（6 167 × 30%）				1 850		
6	上级管理费（34 732 × 0.75‰）				26		
7	主要材料价差				4 833		
8	人工费上调（34 732 × 0.75%）				1 566		
9	定额编测费 [（1+2+…+8） × 0.14‰]				6		
10	营业税 [（1+2+…+9） × 3.35%]				1 490		
	合计				45 955		

某会议室装饰工程造价表

项目	序号	内　　容	单位	数量	单价	总数
天花	1	轻钢龙骨木龙骨吊顶天花	m^2	74.64	105	7 837
	2	进口纸面石膏板	m^2	74.64	32	2 388
	3	基层批灰腻子处理	m^2	74.64	15	1 120
	4	面层乳胶漆面 2 道	m^2	74.64	18	1 380
	5	天花角线（椴木）	m	33.2	47	1 560
	6	吊顶天花造型木线收口（椴木）	m	13	35	455
	7	线路接驳	m^2	74.64	45	3 359
	8	高级筒灯	个	32	84	2 688
	9	吊灯	盏	1	8 400	8 400
	10	天花角线漆饰面	m^2	33.1	19	631
	11	吊顶天花造型油漆镀饰面	m^2	13	19	247
		小计				30 065
A立面墙面	1	木龙骨五厘夹板封墙	m^2	30.88	51	1 575
	2	木龙骨防火涂料 3 道	m^2	30.88	30	926
	3	踢脚线榉木板饰面（椴木）	m	8.8	53	466
	4	墙面榉木板造型饰面	m^2	30.88	92	2 841
	5	墙面木线造型（椴木）	m^2	36.8	68	2 502
	6	凹入木线造型（椴木）	m	12	34	7 408
	7	木质腰线（椴木）	m	2	59	118
	8	墙面榉木油漆饰面	m^2	36.5	57	2 081
	9	凹入木线油漆饰面（椴木）	m	12	15	180
	10	木质腰线油漆饰面	m	2	18	36
	11	彩云白大理石饰面	m^2	3.2	670	2 144
		小计				13 277

续表

项目	序号	内　容	单位	数量	单价	总数
B立面墙面	1	木龙骨五厘夹板封墙	m^2	22.6	51	1 153
	2	木龙骨防火涂料 3 道	m^2	22.6	30	678
	3	踢脚线榉木板饰面（椴木）	m^2	8.67	53	460
	4	墙面榉木板造型饰面	m^2	22.6	92	2 079
	5	墙面木线造型（椴木）	m^2	22.67	31	2 656
	6	墙面榉木油漆饰面	m	22.6	57	1 288
	7	木线造型油漆饰面	m^2	85.67	18	1 542
	8	豪华壁灯	盏	2	420	840
		小计				10 696
C立面墙面	1	木龙骨五厘夹板封墙	m^2	10.6	51	541
	2	木龙骨防火涂料 3 道	m^2	10.6	30	318
	3	墙面榉木饰面	m^2	7.8	53	413
	4	墙面榉木饰面	m^2	10.6	95	1 007
	5	墙面腰线（椴木）	m	7.8	59	460
	6	窗帘盒（椴木）	m	7.8	110	858
	7	窗口	m	19.8	120	2 376
	8	墙面榉木油漆饰面	m^2	11.5	57	656
	9	墙面腰线油漆饰面	m	7.8	18	140
	10	窗帘盒油漆	m	7.8	28	218
	11	窗口油漆	m	19.8	38	752
	12	竖式百叶窗	m^2	12.48	115	1 435
		小计				9 174
D立面墙面	1	木龙骨五厘夹板封墙	m^2	17.46	51	890
	2	木龙骨防火涂料 3 道	m^2	17.46	30	524
	3	踢脚线榉木饰面	m	6	53	318
	4	墙面榉木饰面	m^2	12.3	92	1 132
	5	墙面木线饰面	m	25.8	68	1 754
	6	墙面造型油漆	m^2	13.02	57	742
	7	墙面木线油漆	m	25.8	18	464
	8	墙面软包造型（高级织物）	m^2	9.24	152	1 404
	9	软包木线收边	m	25.8	31	800
	10	软包木线油漆	m	25.8	12	310
	11	们、门口（造型门）对开	樘	1	3 700	3 700
	12	门拉手（理石）	副	2	980	1 960
	13	门锁	副	1	212	212
		合计				14 210
合计		合计：主任会议室造价为				77 422
		人工费（10%）				7 742
		计划利润（5%）				3 871
		税金 [（造价 + 人工费 + 计划利润）× 3.41]				3 036
		合计				92 071

项目名称：广州市小谷围陈氏宗祠的修复及利用

设计者：李倩倩

随着当代社会对传统建筑文化的日益重视，一大批历史建筑得到保护，并在传承保护的基础上得以再利用，创造了一定的经济价值和文化价值。

陈氏宗祠，位于广州市番禺区小谷围岛北亭村。据历史记载，早在宋代就有不少中原人迁徙至此。近代，由于对传统建筑的忽视，加之自然现象及人为因素，一大批传统建筑遭到了破坏。如今，大学城在此落成，在发展经济的同时，保护传统文化建筑也势在必行。

本设计方案立足于保护传统建筑，对陈氏宗祠进行了修复和再利用，同时结合现代元素赋予了传统建筑新的生命力。改造目的致力于打造一个不以盈利为目的的多功能文化空间，另外还要兼顾娱乐休闲的功能需求。亮点在于现代与传统文化的碰撞，现代元素与传统建筑的结合。

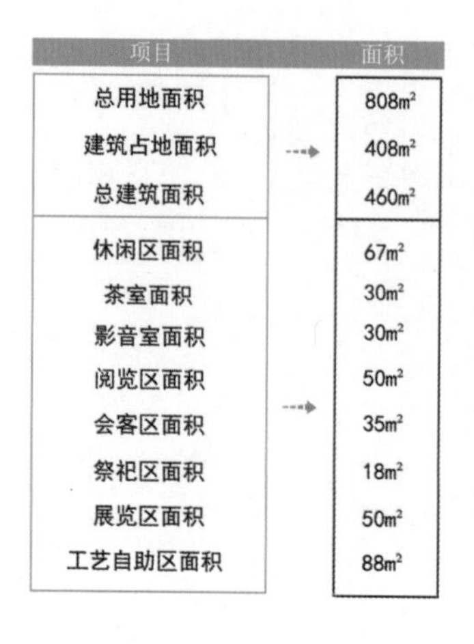

项目	面积
总用地面积	808m²
建筑占地面积	408m²
总建筑面积	460m²
休闲区面积	67m²
茶室面积	30m²
影音室面积	30m²
阅览区面积	50m²
会客区面积	35m²
祭祀区面积	18m²
展览区面积	50m²
工艺自助区面积	88m²

总平面图

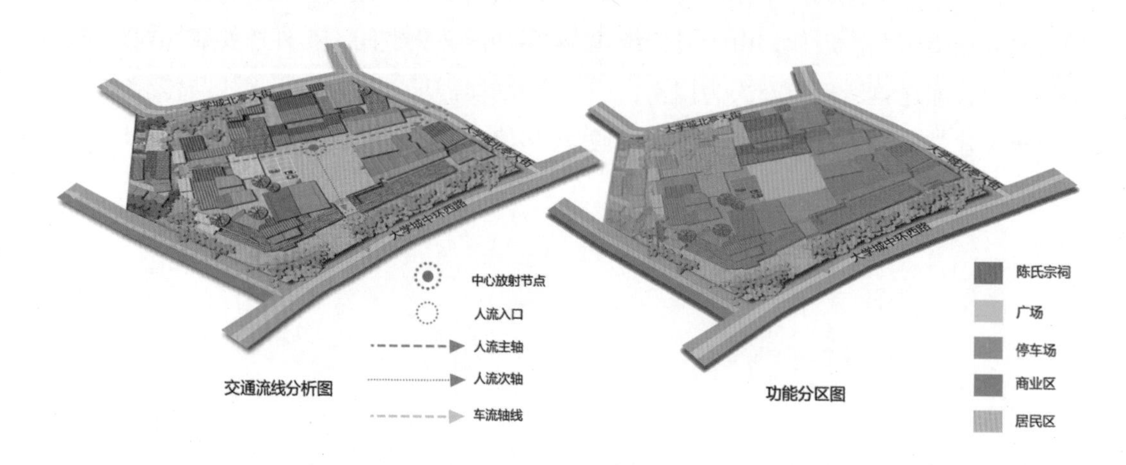

交通流线分析图

功能分区图

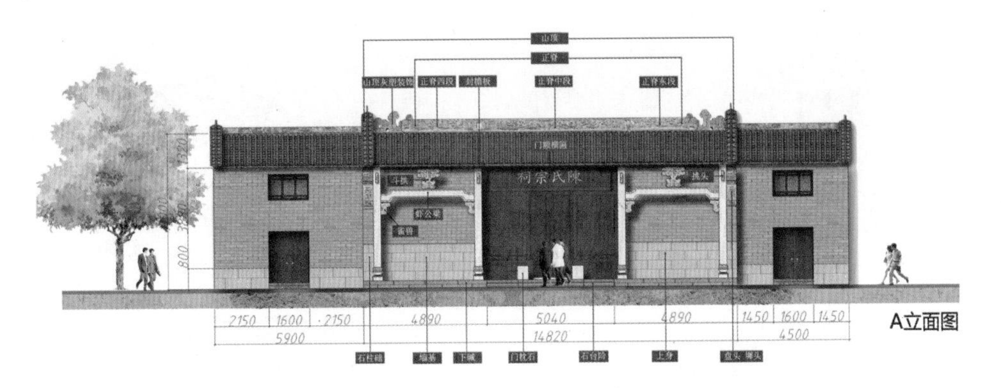

A立面图

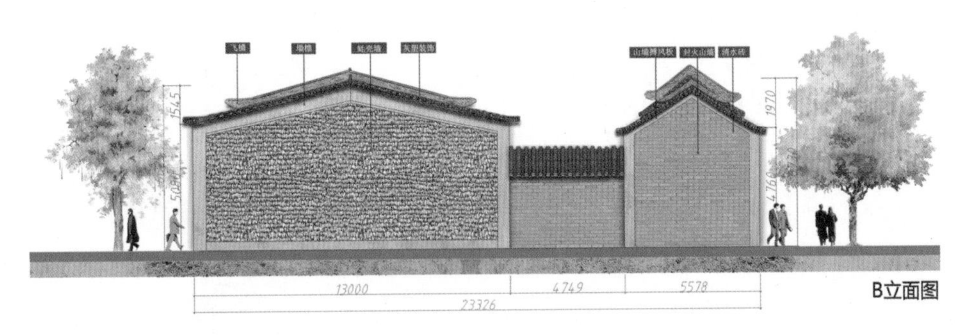

B立面图

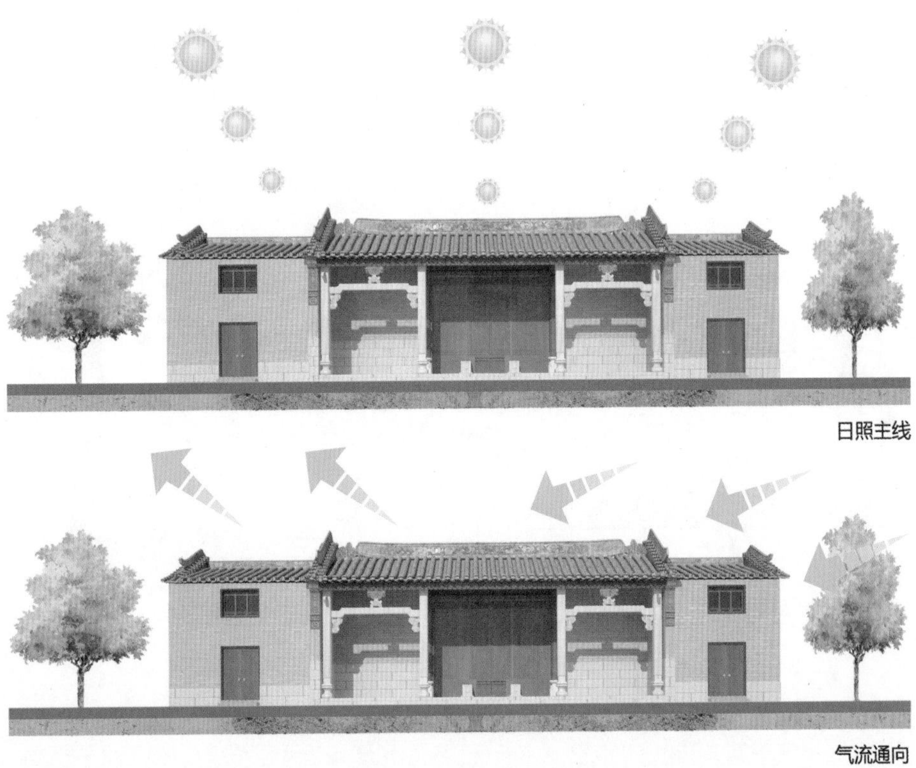

日照主线

气流通向

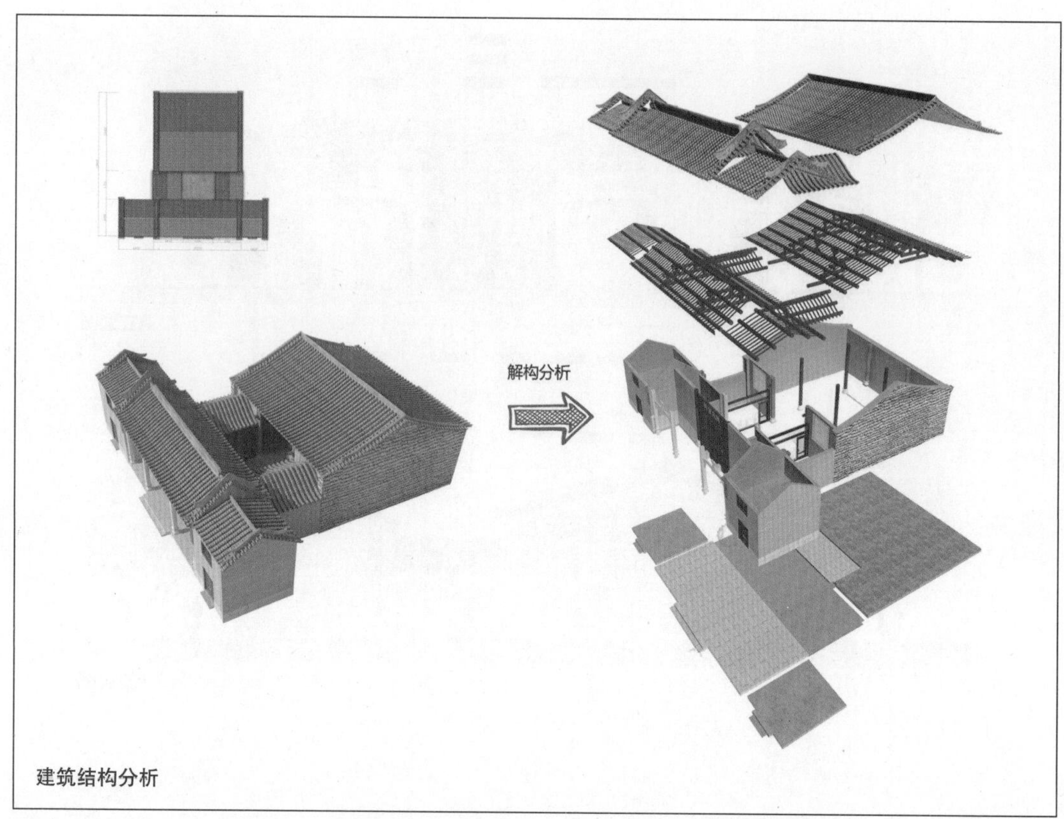

建筑结构分析

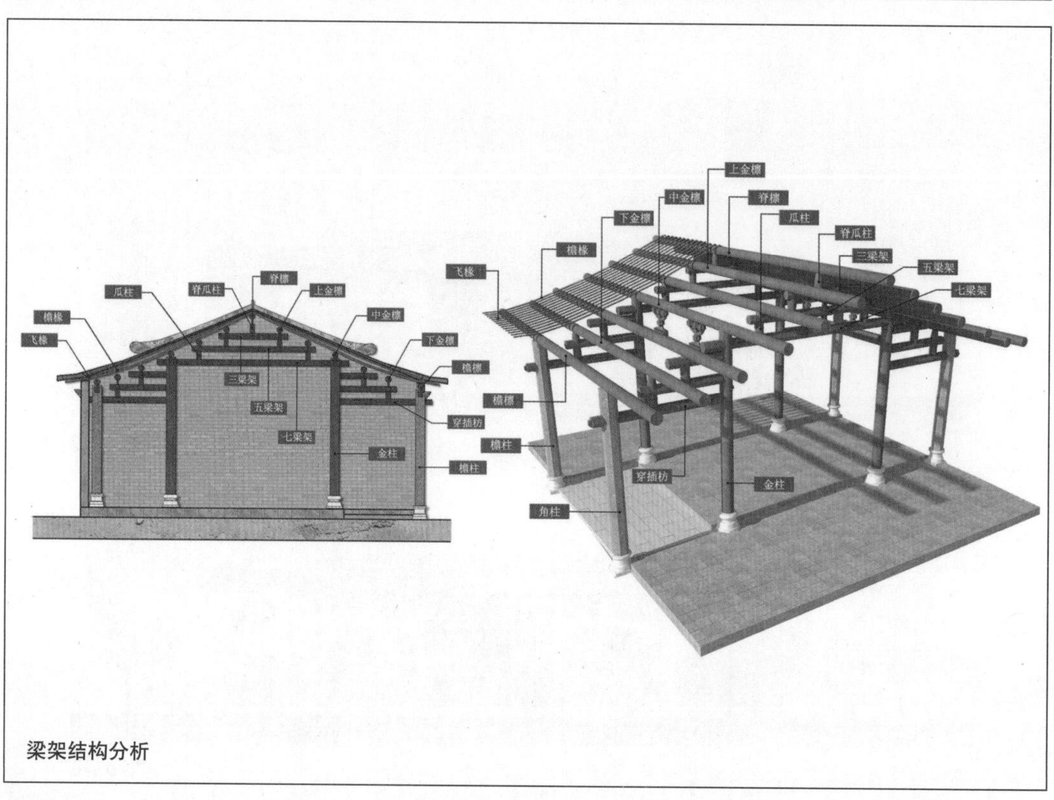

梁架结构分析

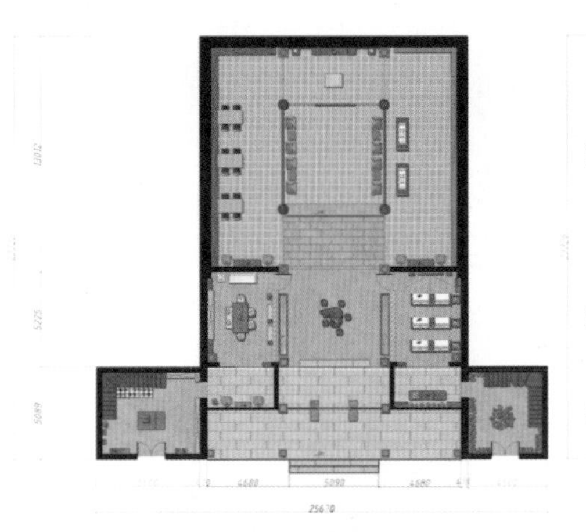

平面布置图

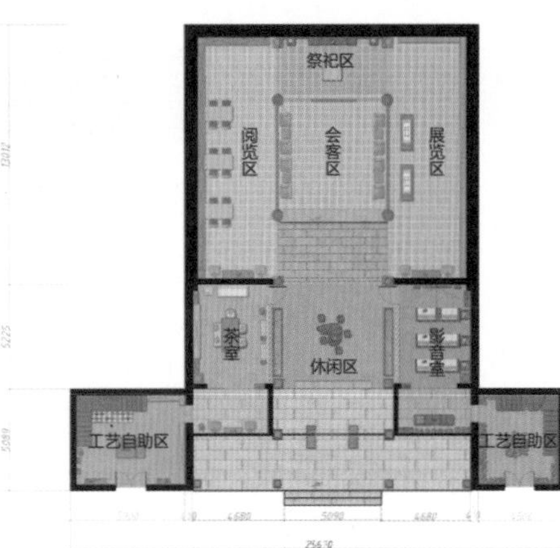

功能分区图

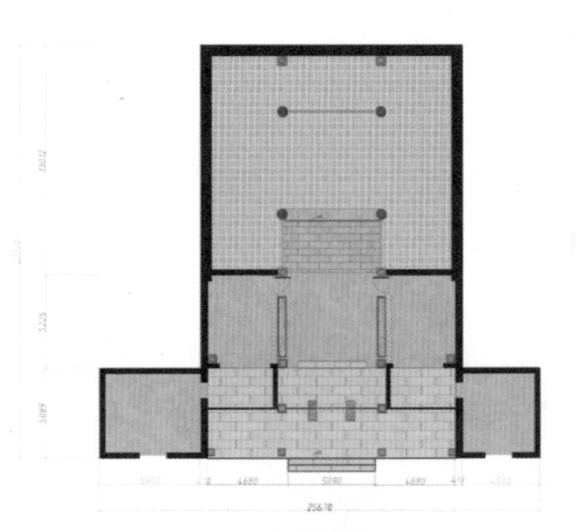

地面铺装图

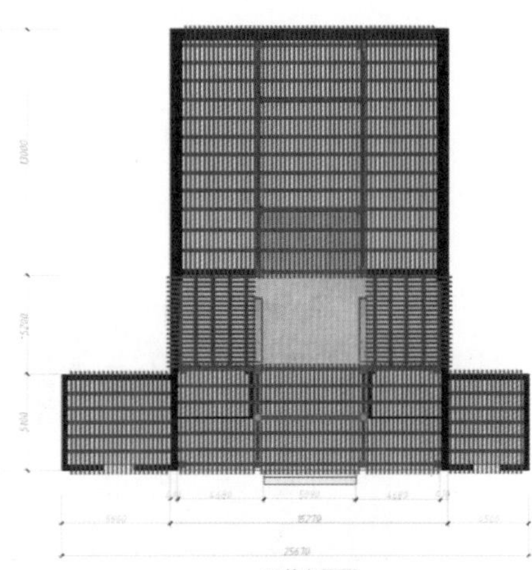

天花布置图

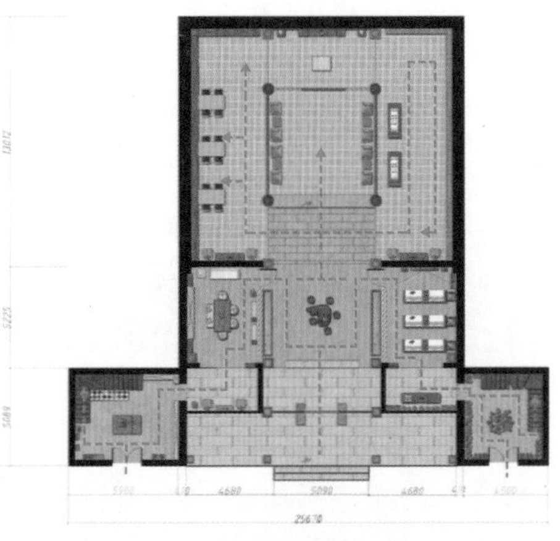

人流路线分析图

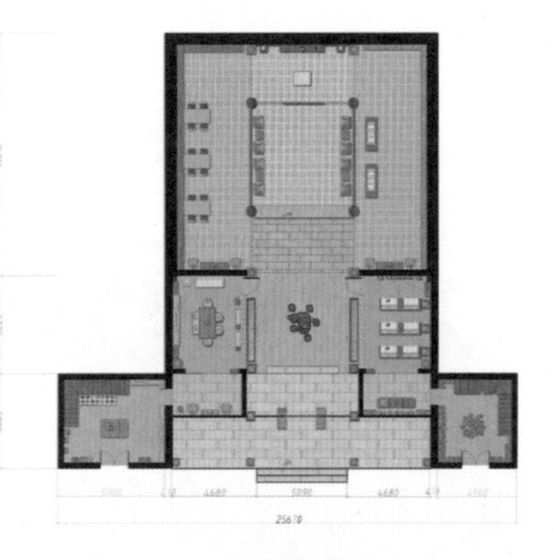

活动密集分布图

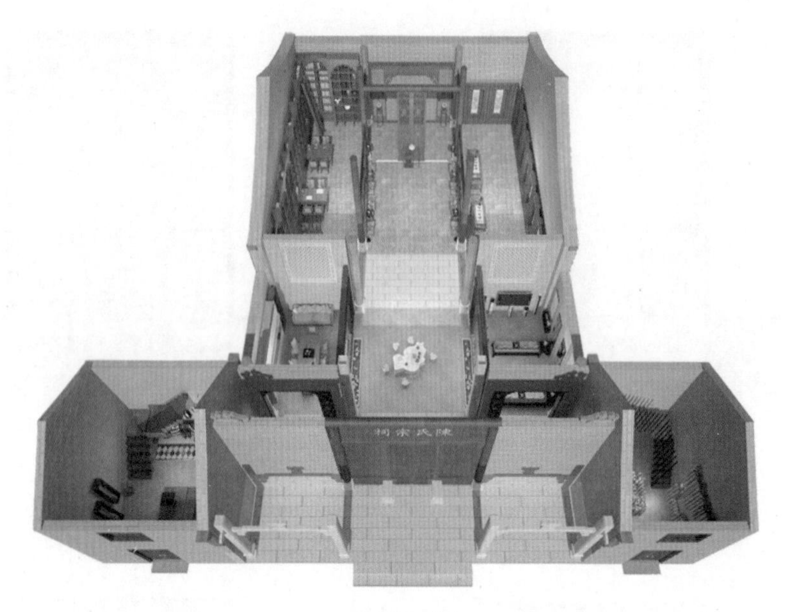

室内空间布局

建筑内部立面图

厅堂A立面图

厅堂B立面图

茶室立面图

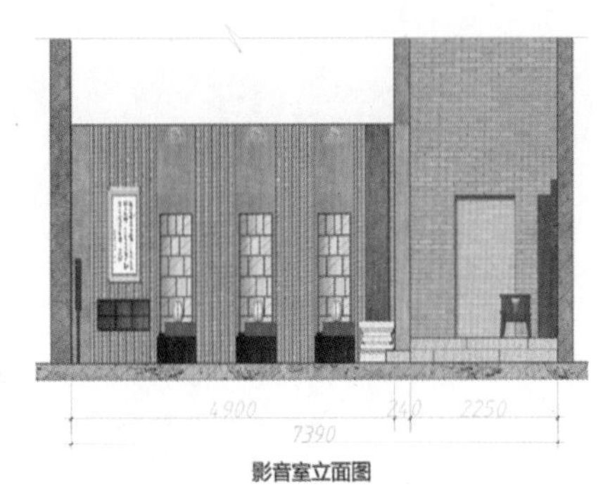

影音室立面图

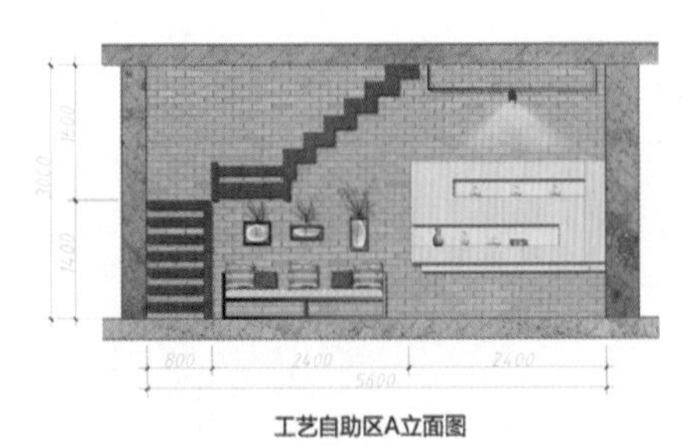

工艺自助区A立面图

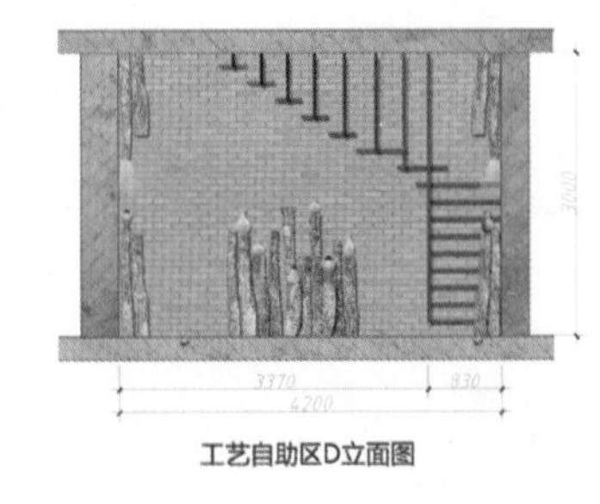

工艺自助区D立面图

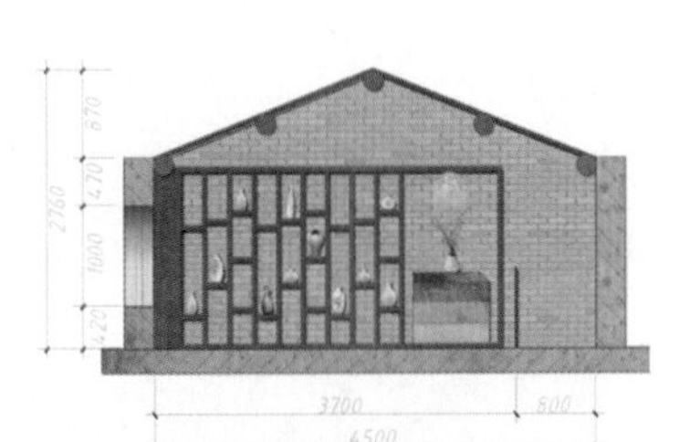

工艺自助区B立面图

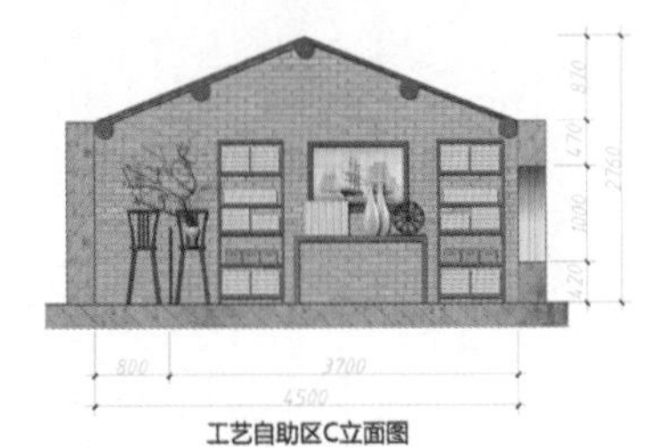

工艺自助区C立面图

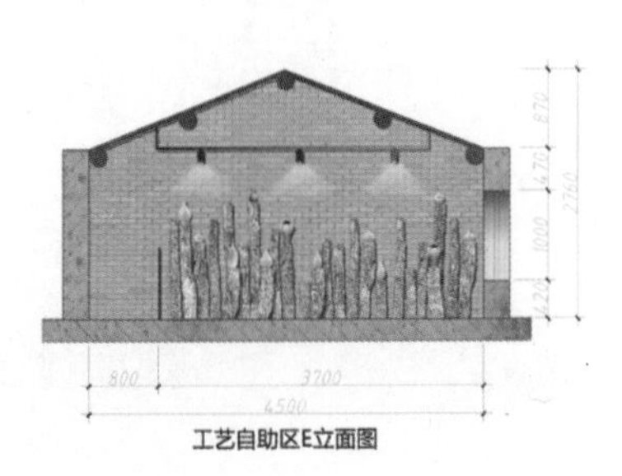

工艺自助区E立面图

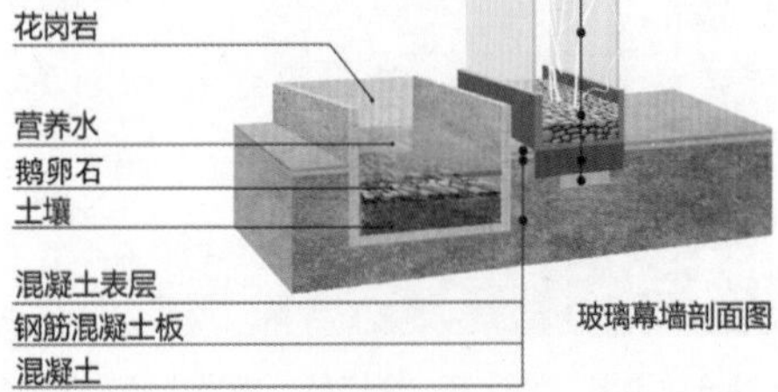

玻璃幕墙剖面图

俯视图　设计者：李倩倩　指导老师：吴宗建

建筑效果图　设计者：李倩倩　指导老师：吴宗建

建筑效果图　设计者：李倩倩　指导老师：吴宗建

建筑效果图　设计者：李倩倩　指导老师：吴宗建

天井　设计者：李倩倩　指导老师：吴宗建

会客区　设计者：李倩倩　指导老师：吴宗建

会客区　设计者：李倩倩　指导老师：吴宗建

会客区　设计者：李倩倩　指导老师：吴宗建

阅览区　设计者：李倩倩　指导老师：吴宗建

展览区　设计者：李倩倩　指导老师：吴宗建

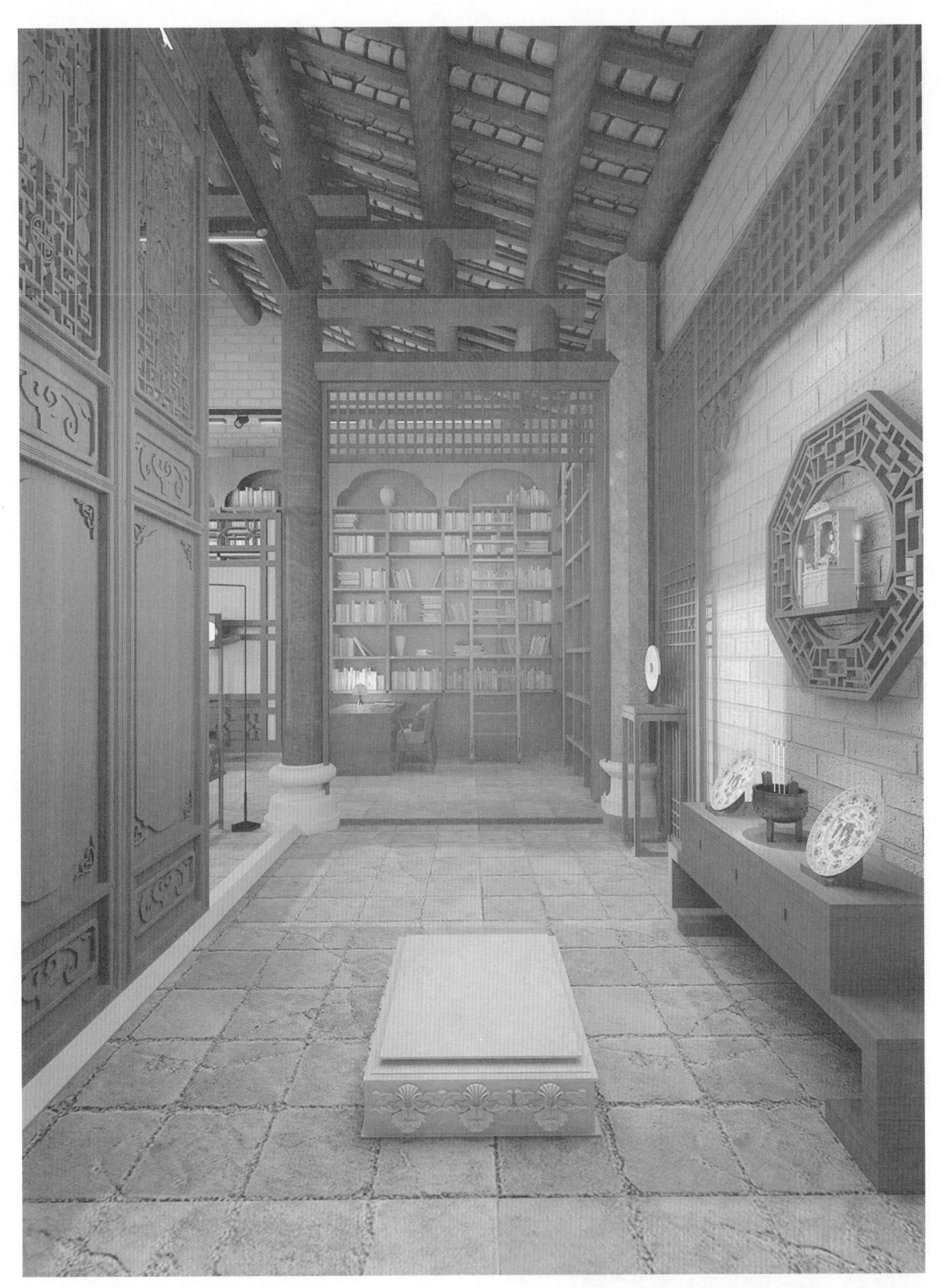

祭祀区　设计者：李倩倩　指导老师：吴宗建

茶室　设计者：李倩倩　指导老师：吴宗建

影音室　设计者：李倩倩　指导老师：吴宗建

工艺自助区 设计者：李倩倩 指导老师：吴宗建

工艺自助区 设计者：李倩倩 指导老师：吴宗建

工艺自助区 设计者：李倩倩 指导老师：吴宗建

工艺自助区　设计者：李倩倩　指导老师：吴宗建

工艺自助区　设计者：李倩倩　指导老师：吴宗建

工艺自助区　设计者：李倩倩　指导老师：吴宗建

后　记

POSTSCRIPT

感谢这段青葱岁月，

感谢一路成长有你们相伴 .....

HONDA

参考文献

POSTSCRIPT

[1] 来增祥，陆震纬 . 室内设计原理 [M]. 北京：中国建筑工业出版社，2007.

[2] 崔东晖 . 室内设计概论 [M]. 北京：北京大学出版社，2007.

[3] 王受之 . 世界现代建筑史 [M]. 广州：新世纪出版社，1995.

[4] 齐伟民 . 室内设计发展史 [M]. 合肥：安徽科学技术出版社，2004.

[5] 李泽厚 . 美的历程 [M]. 天津：天津社会科学院出版社，2001.

[6]（美）程大锦 . 室内设计图解 [M]. 大连：大连理工大学出版社，2004.

[7]（美）格里芬 . 设计准则：成为自己的室内设计师 [M]. 张加楠译，济南：山东画报出版社，2011.

[8] 孙晓红 . 室内设计与装饰材料的应用 [M]. 北京：机械工业出版社，2016.

[9] 席跃良 . 设计概论 [M]. 北京：中国轻工业出版社，2004.

[10] 谭长亮，孙戈 . 居住空间设计 [M]. 上海：上海人民美术出版社，2012.

[11] 马勇，黄滢 . 简美——居住空间 [M]. 武汉：华中科技大学出版社，2010.

[12] 深圳视界文化传播有限公司 . 追本溯源：新中式居住空间 [M]. 北京：中国林业出版社，2016.

[13]（日）藤江澄夫 . 办公楼 [M]. 王军译，北京：中国建筑工业出版社，2002.

[14] DAM 工作室 . 创意办公空间 [M]. 武汉：华中科技大学出版社，2013.

[15] 北京照明学会照明设计专业委员会 . 照明设计手册 [M]. 北京：中国电力出版社，2017.

[16] 中国建筑学会室内设计分会 . 中国室内：聚焦餐饮空间设计 [M]. 北京：中国水利水电出版社，2017.

[17] 徐力，聂桂平 . 展示设计 [M]. 北京：机械工业出版社，2009.

[18] 卓嘉 . 体验式展示设计 [M]. 重庆：西南大学出版社，2013.

参阅项目

REFER TO THE PROJECT

[1] 人立大厦设计 . 设计者：齐霖 张岩鑫
[2] 江门市陈皮村 A10 酒店改造设计 . 设计者：李倩倩
[3] 红砖厂创意园 F13 栋改造设计 . 设计者：梁璐怡
[4] 深圳精舍会所 . 设计者：张岩鑫 齐霖 李倩倩
[5] 山东翰林院食府 . 设计者：张岩鑫 齐霖 李倩倩
[6] 广州市 3+1 别墅空间设计 . 设计者：李倩倩 胡雅晨 梁璐怡
[7] 广州市天河区五山街道某小区公寓设计 . 设计者：李倩倩
[8] 广州市红砖厂创意园 E7 办公空间设计 . 设计者：李倩倩 胡雅晨 梁璐怡 林佩华
[9] 开平水口镇珠影广场儒家小馆餐厅设计 . 设计者：胡雅晨
[10] 广州市天河区 M 餐饮空间设计 . 设计者：李倩倩
[11] 深圳市龙华新区 adbo 服装专卖店设计 . 设计者：李倩倩 指导老师：李女仙
[12] 广州市小谷围陈氏宗祠的修复与利用 . 设计者：李倩倩 指导老师：吴宗建

致　谢

THANKS

《新空间——室内设计解析》获深圳大学研究生优秀学术成果出版资助计划资助，感谢母校对本书出版的大力支持。

本书是在我的导师张岩鑫副教授的亲切关怀和悉心指导下完成的，衷心感谢张老师一直以来在学业和生活的各个方面给予我的关怀和指导。教授以渊博的学识，严谨的治学，宽广的胸怀深深影响着我，使我在专业和为人处事方面受到严格的要求和诚挚的教诲。在我的学业和此书的研究工作中无不倾注着他辛勤的汗水和心血，从本书的结构框架构思到字斟句酌，无不饱含着他的思想与心血。在写作过程中，张老师不辞辛劳，多次与我就本书中许多核心问题做深入细致的探讨，给我提出切实可行的指导性建议，张老师这种一丝不苟的负责精神，使我深受感动。更重要的是张老师在指导本书过程中，始终践行着“授人以鱼，不如授之以渔”的原则，他常教导我要志存高远，严格遵守学术道德和学术规范，为以后的继续深造打好坚实的基础。在此，我要向我的导师致以最衷心的感谢和深深的敬意。

感谢深圳大学海洋艺术研究中心秘书长葛洋老师对此书给予的意见和建议，以及对我的生活和为人处事的悉心指导，桃李不言，下自成蹊，对于您无私的帮助和关怀我将永远铭记在心。还要感谢研究中心的各位老师对本书的大力支持，对你们的感激之情是无法用言语表达的。

感谢深圳大学研究生教育发展中心的李科浪老师在我申报本书资助的过程中给予的悉心帮助，使之得以顺利出版。另外，还要感谢清华大学出版社李晓对本书出版过程中提出的建议和耐心的指导。

此外，还要感谢我的校外导师齐霖和我的本科同学胡雅晨、梁璐怡，他们在本书编写中给予了我大力支持和鼓励，给我带来极大的启发，正是有了他们的无私帮忙和支持，才使本书顺利完成。也要感谢参考文献中的作者们，透过他们的研究文章，使我对研究课题有了很好的出发点。

同时，我还要感谢我的父母，在我求学生涯中给予我无微不至的关怀和照顾，一如既往地支持我、鼓励我。焉得艾草，言树之心，养育之恩，无以回报。

不积跬步，无以至千里，本书能够顺利出版，也归功于任课老师们的认真负责，使我能够很好地掌握和运用专业知识，并在本书中得以体现。这既是对我几年来学习的总结，也是今后研究和学习的新起点。透过本书的撰写，使我能够更系统、更全面地学习有关室内设计的前沿理论知识，并得以借鉴众多专家学者的宝贵经验，这对于我今后的工作和我为之服务的企业，无疑是不可多得的宝贵财富。由于本人理论水平有限，本书中的有些观点以及对室内设计的归纳和阐述难免有疏漏和不足的地方，欢迎老师和专家们指正。

李倩倩

2018 年 3 月